季富政

- 著 -

巴蜀乡土建筑文化

宽窄巷子
探源

天地出版社
TIANDI PRESS

图书在版编目（CIP）数据

宽窄巷子探源 / 季富政著 . — 成都：天地出版社，
2023.12
（巴蜀乡土建筑文化）
ISBN 978-7-5455-7918-5

I. ①宽… II. ①季… III. ①古建筑—建筑艺术—研
究—成都 IV. ① TU-092.2

中国国家版本馆 CIP 数据核字（2023）第 156654 号

KUANZHAIXIANGZI TANYUAN

宽窄巷子探源

出 品 人	杨 政
著 者	季富政
责任编辑	陈文龙
责任校对	张思秋
装帧设计	今亮後聲 HOPESOUND 2580590616@qq.com
责任印制	王学锋

出版发行　天地出版社
　　　　　（成都市锦江区三色路 238 号　邮政编码：610023）
　　　　　（北京市方庄芳群园 3 区 3 号　邮政编码：100078）
网　　址　http://www.tiandiph.com
电子邮箱　tianditg@163.com

经 销	新华文轩出版传媒股份有限公司
印 刷	北京文昌阁彩色印刷有限责任公司
版 次	2023 年 12 月第 1 版
印 次	2023 年 12 月第 1 次印刷
开 本	787mm×1092mm　1/16
印 张	17.5
字 数	303 千
定 价	78.00 元
书 号	ISBN 978-7-5455-7918-5

总　序

季富政先生于 2019 年 5 月 18 日离我们而去，我内心的悲痛至今犹存，不觉间他仙去已近 4 年。今日我抽空重读季先生送给我的著作，他投身四川民居研究的火一般的热情和痴迷让我深深感动，他的形象又活生生地浮现在我的脑海中。

我是在 1994 年 5 月赴重庆、大足、阆中参加第五届民居学术会时认识季富政先生的，并获赠一本他编著的《四川小镇民居精选》。由于我和季先生都热衷于研究中国传统民居，我们互赠著作，交流研究心得，成了好朋友。

2004 年 3 月 27 日，我赴重庆参加博士生答辩，巧遇季富政先生，于是向他求赐他的大作《中国羌族建筑》。很快，他寄来此书，让我大饱眼福。我也将拙著寄给他，请他指正。

此后，季先生又寄来《三峡古典场镇》《采风乡土：巴蜀城镇与民居续集》等多本著作，他在学术上的勤奋和多产让我既赞叹又敬佩。得知他为民居研究夜以继日地忘我工作，我也为他的身体担忧，劝他少熬夜。

季先生去世后，他的学生和家人整理他的著作，准备重新出版，并嘱我为季先生的大作写序。作为季先生的生前好友，我感到十分荣幸。我在重新拜读他的全部著作后，对季先生数十年的辛勤劳动和结下的累累硕果有了更深刻的认识，了解了他在中国民族建筑、尤其是包括巴蜀城镇及其传统民居在内的建筑的学术研究上的卓著成果和在建筑教育上的重要贡献。

1. 季富政所著《中国羌族建筑》填补了中国民族建筑研究上的一项空白

季先生在 2000 年出版了《中国羌族建筑》专著。这是我国建筑学术界第一本研究中国羌族建筑的著作，填补了中国羌族建筑研究的空白。

这项研究自1988年开始，季先生花费了8年时间，其间他曾数十次深入羌寨。季先生的此项研究得到民居学术委员会李长杰教授的鼎力支持，也得到西南交通大学建筑系系主任陈大乾教授的支持。陈主任亲自到高山峡谷中考察羌族建筑，季先生也带建筑系的学生张若愚、李飞、任文跃、张欣、傅强、陈小峰、周登高、秦兵、翁梅青、王俊、蒲斌、张蓉、周亚非、赵东敏、关颖、杨凡、孙宇超、袁园等，参加了羌族建筑的考察、测绘工作。因此，季先生作为羌族建筑研究的领军人物，经过8年的艰苦努力，研究了大量羌族的寨和建筑的实例，获取了十分丰富的第一手资料，并融汇历史、民族、文化、风俗等各方面的研究，终于出版了《中国羌族建筑》专著，取得了可喜可贺的成果。

2. 季富政先生对巴蜀城镇的研究有重要贡献

2000年，季先生出版《巴蜀城镇与民居》一书，罗哲文先生为之写序，李先逵教授为之题写书名。2007年季先生出版了《三峡古典场镇》一书，陈志华先生为之写序。2008年，季先生又出版了《采风乡土：巴蜀城镇与民居续集》。这三部力作均与巴蜀城镇研究相关，共计156.8万字。

季先生对巴蜀城镇的研究是多方面、全方位的，历史文化、地理、环境、商业、经济、建筑、景观无不涉及。他的研究得到罗哲文先生和陈志华先生的肯定和赞许。季先生这些著作也成为后续巴蜀城镇研究的重要参考文献。

3. 季富政先生对巴蜀民居建筑的研究也作出了重要贡献

早在1994年，季先生和庄裕光先生就出版了《四川小镇民居精选》一书，书中有100多幅四川各地民居建筑的写生画，引人入胜。在2000年出版的《巴蜀城镇与民居》一书中，精选了各类民居20例，图文并茂地进行讲解分析。在2007年出版的《三峡古典场镇》一书中，也有大量的场镇民居实例。这些成果受到陈志华先生的充分肯定。在2008年出版的《采风乡土：巴蜀城镇与民居续集》中，分汉族民居和少数民族民居两类加以分析阐述。

2011年季先生出版了四本书：《单线手绘民居》《巴蜀屋语》《蜀乡舍踪》《本来宽窄巷子》，把对各种民居的理解作了详细分析。

2013 年，季先生出版《四川民居龙门阵 100 例》，分为田园散居、街道民居、碉楼民居、名人故居、宅第庄园、羌族民居六种类型加以阐释。

2017 年交稿，2019 年季先生去世后才出版的《民居·聚落：西南地区乡土建筑文化》一书中，亦有大量篇幅阐述了他对巴蜀民居建筑的独到见解。

4. 季富政先生作为建筑教育家，培养了一批硕士生和本科生，使西南交通大学建筑学院在民居研究和少数民族建筑研究上取得突出成果

季先生自己带的研究生共有 30 多名，其中有一半留在高校从事建筑教育。他带领参加传统民居考察、测绘和研究的本科生有 100 多名。他使西南交通大学的建筑教育形成民居研究和少数民族建筑研究的重要特色。这是季先生对建筑教育的重要贡献。

5. 季富政先生多才多艺

季富政先生多才多艺，不仅著有《季富政乡土建筑钢笔画》，还有《季富政水粉画》《季富政水墨山水画》等图书出版。

以上综述了季先生的多方面的成就和贡献。他的著作的整理和出版，是建筑学术界和建筑教育界的一件大事。我作为季先生的生前好友，翘首以待其出版喜讯的早日传来。

是为序。

吴庆洲

华南理工大学建筑学院教授、博士生导师

亚热带建筑科学国家重点实验室学术委员

中国城市规划学会历史文化名城规划学术委员会委员

2023 年 5 月 12 日

目　录

前　言

2001 年至 2003 年，笔者率学生深入成都市宽巷子、窄巷子历史文化保护区、大慈寺历史文化保护区作调查。因为不是规划性质的前期研究，也不是纯学术性的区域建筑解析，原本抱着看一看的心理，以为只是一种深度市井旅游而已，殊不知看到有的街道立面和一些民居空间相当优美，于是动了保护之心。看到即将消失的具有数百年历史的最后的市井，同学们也表示作一资料抢救努力是可以一试的。断断续续一干就是好几年，末了，我也住进了医院。

在调查期间，两个历史文化保护区已经开始拆迁。我们在瓦砾与破房子间跑来跑去，因为是志愿者行为，大有工蜂情调，中午和晚上，就在废墟上吃盒饭，好像在挽留历史的记忆。

是不是国人都爱展示一种悲悯情怀，以显示自己传承了中华文化的精髓？

一条破街道、一堆老民居何以具有如此大的魅力？

它能承载如此大的使命吗？

在和同学们一起做抢救性记录的同时，笔者也常常思考以上问题。

宽巷子、窄巷子历史文化保护区终于迎来了今天的空前盛况，人流如织的狭隘街巷中，人气饱和到快要爆炸，朝圣般的气氛常使人不禁发问：究竟他们到这里来干啥？算不算是一种文化朝拜？

1000 多万人口的特大城市①，如果只有一小块几十亩的文化场域，只要有几百人上千人在里面，就觉得有些拥挤，对于一座历史文化名城来说，似乎有点说不过去。

---

① 本文写于 21 世纪 10 年代，人口数据采自当时官方统计。2021 年，成都市常住人口首次突破 2000 万。——编者注

于是有人断言：如果多一些保护、多一些传承，成都将成为世界文化名城；如果再复原种花种草养鱼养鸟的情韵，成都则更是世界最美田园城市。

幸好，此书对一些古老空间作了些收集，果真有一天可以作参考资料以资城市建设，也是可告慰灵魂的。

第一章 ｜ 兵营演变成市井

清以来宽、窄巷子概况

现宽窄巷子历史文化保护区仅为清以来满城的极小部分。原满城格局是：以将军衙门（现金河宾馆旧址）公共建筑为布局核心，以长顺街为轴线，轴线标高稍高于两侧若干胡同，恰此形成以街代沟的排水系统，构成鱼骨状满城街道体系。这种格局是军营营房排列组合功能的结果，整体又以城墙围护，故称满城，又叫少城。

满　城

满城一名内城，在府城西，康熙五十七年所筑，周四里五分，八百一十一丈七尺三寸，高一丈三尺八寸。有五门：大东门、小东门、北门、南门、大城西门。城楼四，共一十二间。尽住旗人，每旗官街一条，披甲兵丁小胡同三条。八旗官街共八条，兵丁胡同共三十三条。以形势观之有如蜈蚣形状：将军帅府，居蜈蚣之头；大街一条直达北门，如蜈蚣之身；各胡同左右排比，如蜈蚣之足。城内景物清幽，花木甚多，空气清洁，街道通旷，鸠声树影，令人神畅。

——摘自傅崇矩《成都通览》

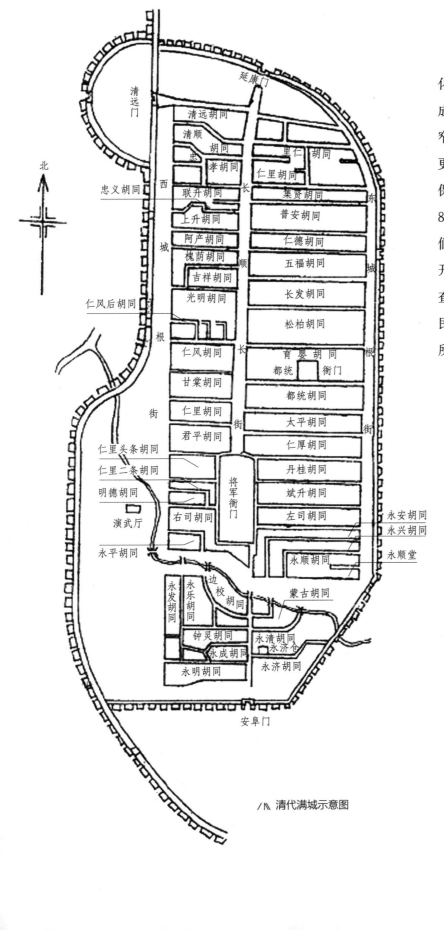

成都市宽窄巷子历史文化保护区，按1998年3月成都市规划设计研究院《宽窄巷子历史文化保护区保护更新规划（调整）》的界定，保护区面积约5.6公顷，合85.2亩，56250平方米。我们从2003年2月底开始展开对保护区及周边街区的调查，并从历史文化、建筑、民风等多侧面进行研究。所得情况，诸多秘趣。

北

清远门
延康门
清远胡同
清顺胡同
忠胡同
孝胡同
里仁胡同
仁里胡同
忠义胡同
西城
联升胡同
集贤胡同
上升胡同
普安胡同
阿产胡同
长
仁德胡同
槐荫胡同
顺
五福胡同
东城
吉祥胡同
长发胡同
光明胡同
松柏胡同
仁风后胡同
根
育婴胡同
都统衙门
仁风胡同
街
都统胡同
甘棠胡同
长
太平胡同
仁里胡同
街
仁厚胡同
根
君平胡同
丹桂胡同
街
仁里头条胡同
斌升胡同
仁里二条胡同
将军衙门
左司胡同
明德胡同
右司胡同
永安胡同
演武厅
永兴胡同
永平胡同
永顺胡同
永顺堂
永发胡同
永乐胡同
边校胡同
蒙古胡同
钟灵胡同
永清胡同
永成胡同
永济仓
永明胡同
永济胡同

安阜门

∧∧ 清代满城示意图

宽、窄巷子概况

宽巷子：在城区西部，青羊区辖，东起长顺上街分叉处，西止下同仁路，长391米，宽7.7米。因与邻近街巷相比较为宽，习称宽巷子。后更名兴仁胡同，又叫仁里头条胡同。民国时又恢复宽巷子旧名，沿称至今。

窄巷子：与宽巷子邻近的平行街巷，东起长顺下街，西止下同仁路，长390米，宽6米。因街巷与宽巷子相比而言较窄，习称窄巷子。后名太平胡同，又叫仁里二条胡同。民国时复称窄巷子，沿称至今。

井巷子：为紧邻窄巷子南保护协调区，长375米，宽10米，清初名如意胡同，后因巷北有明德坊而称明德胡同。街中有水井，故称井巷子，并沿称至今。1990年10月西城区人民政府在井旁立一石碑，上书"此井乃康熙年间满蒙八旗军驻防成都时饮水而凿，地处原少城明德胡同清军营房前。辛亥革命后因巷中有此井，改名井巷子"。

支矶石街，清末称君平胡同，相传严君平卖卜于此。民国初因街西有支矶石庙，故改名为支矶石街，沿用至今。为紧邻宽巷子北保护协调区，街长455米，宽8米，其中西口南侧为保护区内重点单位——成都画院。画院1980年6月5日成立，是我市一所绘画艺术学术研究机构。

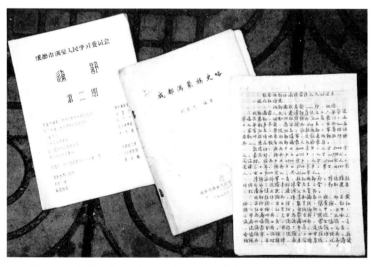

/⋀ 世居窄巷子的蒙古族老人刘显之先生留下的《成都满蒙族史略》和其他资料

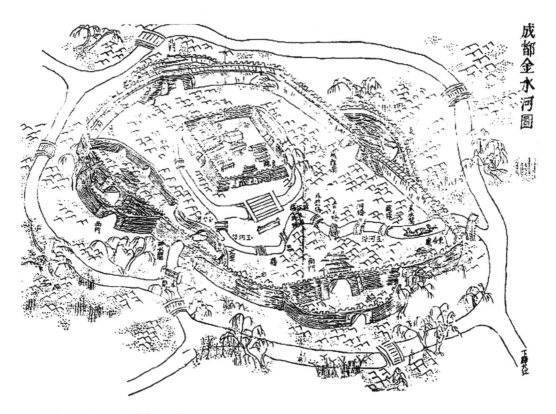

∧∧ 清《四川通志》附图《金水河图》

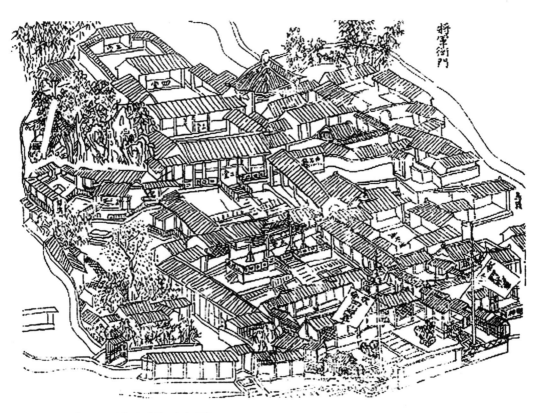

∧∧ 卢光明作《成都县志》之《将军衙门图》

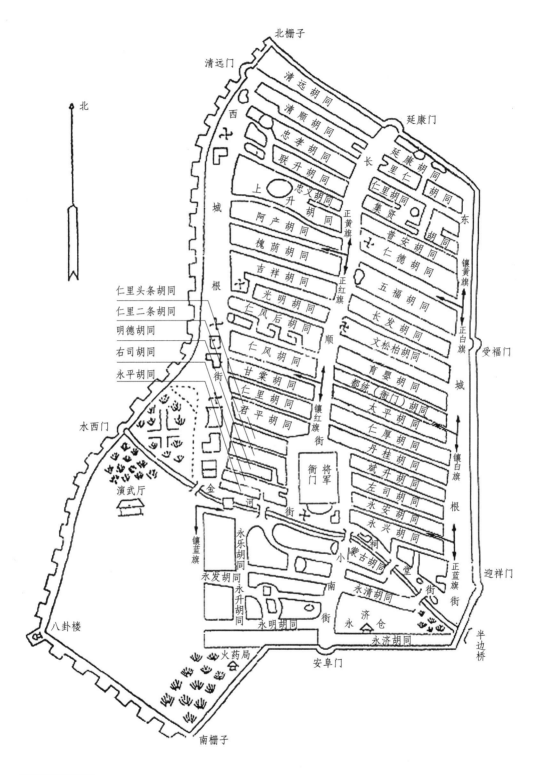

北

北栅子

清远门

清远胡同

西
城
根

延康门

清顺胡同

忠孝胡同

跃升胡同

上升胡同

忠文胡同

延康里胡同

仁里仁胡同

集贤

延康胡同

东

阿产胡同

槐荫胡同

吉祥胡同

光明胡同

仁风后胡同

仁风胡同

甘棠胡同

仁里胡同

君平胡同

正黄旗

普安胡同

仁德胡同

五福胡同

正红旗

长发胡同

文松柏胡同

顺

育婴胡同

镇黄旗

正白旗

受福门

城
根

仁里头条胡同

仁里二条胡同

明德胡同

右司胡同

永平胡同

水西门

城

街

都统衙门胡同

太平胡同

仁厚胡同

丹桂胡同

斌升胡同

左司胡同

永安胡同

永兴胡同

镇红旗
街

衙门

将军

金河街

将军
衙门

小蒙古胡同

祠
堂

永清胡同

镇白旗
根

正蓝旗
街

受福门

迎祥门

演武厅

镇蓝旗

永乐胡同

永发胡同

永升胡同

永明胡同

南
街

永济仓

永济胡同

半边桥

八卦楼

火药局

安阜门

南栅子

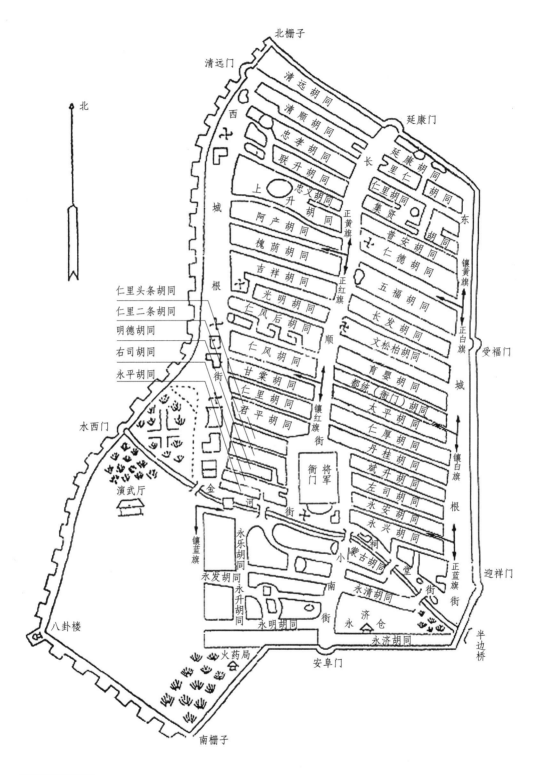

八 清代满城街坊图

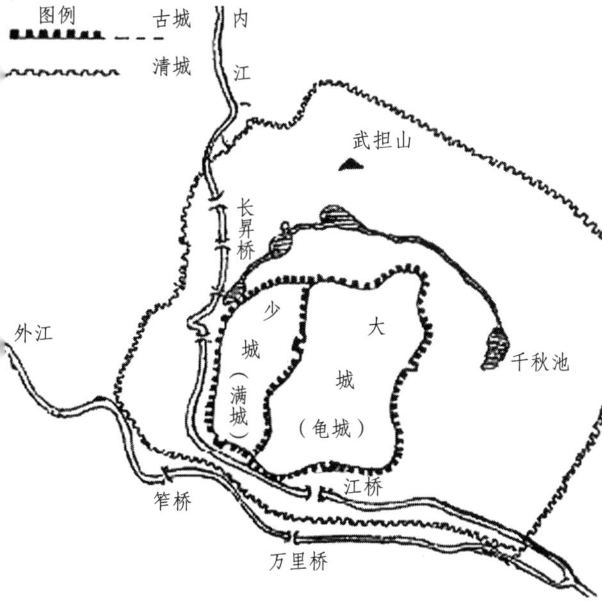
图例
古城
清城
内
江
武担山
长
昇
桥
外江
少
城
（满
城）
大
城
（龟城）
千秋池
江桥
笮桥
万里桥

/ 秦代创筑大城少城图

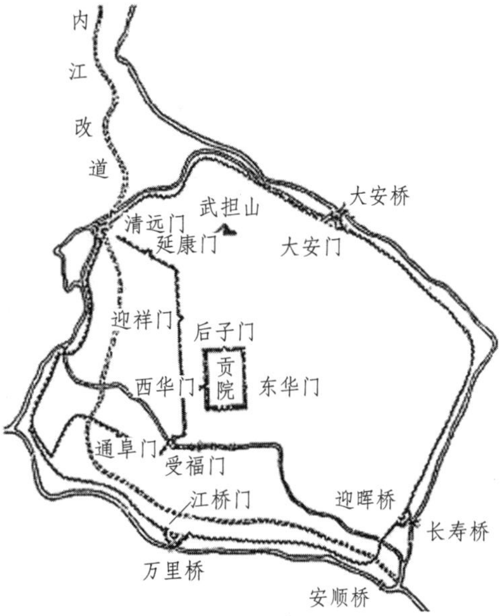
内
江
改
道
清远门
武担山
大安桥
延康门
大安门
迎祥门
后子门
贡
院
西华门
东华门
通阜门
受福门
江桥门
迎晖桥
长寿桥
万里桥
安顺桥

/ 清代大城与满城图

宽、窄巷子为清代少城42条兵丁胡同的其中二条，是成都历史文化名城仅存的三个历史文化保护区之一。其由来可追溯到秦代成都城垣的发端，即大城与少城的创立。后历代毁了又建，建了又毁，至清初大体奠基于旧少城遗址上，又重建少城。

少城又称满城。根据“旗汉分治”原则，1718年（康熙五十七年）清政府令荆州派旗兵三千驻防成都，1721年又选留1600名永驻成都，成都才有了驻防旗兵。选址大城西垣内一新筑少城，作为旗兵营地及将军治所。时城墙四里五分，计八百一十一丈七尺三寸，高一丈三尺八寸。城设五门：东迎祥门，南首受福门，北延康门，南安阜门，西为大城清远门。设城楼四处，共20间。其中以迎祥门最壮丽，城楼上有两道匾，里面一道书“少城旧治”，外面一道书“既丽且崇”，均黑底白字。城墙由砖砌筑，中填黄土。城内设八旗官街八条，兵丁胡同42条，设官署8处。居住人口最多时达2万余人。

民国二年（1913年）开始拆除满城，与大城合并为一。

满城格局概说

自秦代创筑大城、少城以来，成都城池格局历代多有变化，至清初虽遭张献忠义军烧成都，但城垣却毁废不多。清雍正五年（1727年）四川省会由保宁（阆中）迁来成都后，成都新城即大城才重新得以大修，由此看满城先于新城9年就开始在城西砌筑。据考，满城既为兵营，同时也为城池，不以兵营称谓而以少城或满城相称，首先必须是"城"这一形态概念。新城（大城）以皇城为中心，背北依重秦以来著名的武担山甚至往北之凤凰山高地，凤凰山高程572.7米，成都市中心高程495米，两者高差在77.7米，是平原城市背北再恰当不过的高丘高度及空间距离；向南则以府河、南河相交弯环处为格局考虑南向边界。在成都平原特定的平坦地形上，山虽不甚高，但终得山水合抱理想之地。有了此基本的山水、方位条件，南北道路轴线应运而生。同时又有东西轴线与其交叉而成"天心十道"。这便是"公厅"即本地最重要的公共建筑落基选址之处。此处若处在高地上则位置更佳。阆中格局如此，大城格局及皇城位置也如此。那么，满城核心、最高军事机关将军衙门是否也同理呢？经查，将军衙门选址更具形胜之位。

首先，从现在地形标高看，将军衙门标高505.54米，位于长顺上街三岔路口处。向南至现金河酒店门口为504.30米，向西至宽巷子与下同仁路交会处为503.76米，向东至桂花巷504.45米。而恰处于南北向的长顺上街均在505米左右。此种格局的脊梁上，亦自然成为满城格局的中轴线，线之北端出宁夏街正对武担山（正是造成宁夏街与长顺街发生偏斜的根本原因），南端至金河湾。将军衙门正处于长顺上街南段两条分岔至金河路的围合之中，同时又把将军衙门推至南北向长顺街的南端制高点上。于是长顺街就天然成为满城的中轴主干道路，成为满城街巷格局的脊梁。

后来有专家论证满城格局如鱼刺状。那么满城42条兵丁胡同8条官街东西向有序排列正是"鱼刺"再形象不过的体现。

这种格局不仅有山（武担）、水（金河）合抱的风水意象，还内涵了阴（水）阳（山）互补的居住地理环境理想。作为城池，内部若作居住用，则可以

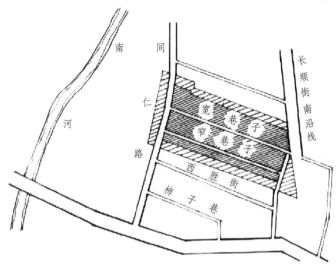

∧ 宽窄巷子位置图

里坊格局划分街道以便于管理，并给生活、交通提供更大的方便。但满城又为兵营，兵营之营房首先要有行动快捷、便于集中的道路与房舍这样的结构关系。"鱼刺"状格局正是兵营房舍必须如此布置的结果。这样的格局来自北京城郊八旗军营房，满城不过是复制而已。长顺街则是集中各胡同兵丁将尉的主要通道，故宽11米，宽于所有的东西向胡同。而将军衙门正对长顺街，亦如将军点兵施号的将令台，选址又在尊贵的方位和高地上，这就形成了一个完整的兵营空间结构体系。另外，既为"城"的构想，又要风水、轴线、方位、公厅等城池格局要素的完善，同时与营房的特殊要求合并布置、考虑，最后成为兵营与城市的合二而一体，从中国城市格局的多样性而言，成都满城是罕见的城市规划样本。所以它显得很宝贵，其历史文化价值不言而喻。

不仅如此，因其地形中间高，两边低，南北高，东西低，故可以肯定，满城选址还为排水作了先期踏勘考察，尤其是金河从西南沿城墙流过，西方、南方的大片营房排水均流至河中。故以宽窄巷子为点解剖，几无下水体系，皆为明沟顺街道两侧向西偏斜，地表水顺街面向西流动排出。长住居民反映，积水就地渗透很快，从未发生水患，恐也是无下水沟渠的原因。

至于当时满城位置在大城荒郊，处在成都的上风上水之地，时水质良好，清

宽巷子、窄巷子地区影像图（2000 年现状）

/∧ 宽巷子 25 号段风貌

风爽气，兵马出行方便等原因，也可能是选址的重要考量。当然，根本还是"旗汉分治"的政治原因，就具体选址而言，上述则为实施政治管理的规划。恰是这些考虑，为乾隆后期旗兵生活渐自困难，在郊外划地耕作以解决生计创造了条件。

清以来满城空间概况

上面满城格局之说，实际上我们在探讨它的形态成因，即以长顺街为南北轴线，然后在东西向布置官街8条，兵街42条。这种布置按《满洲实录》卷三说："各照方向，不许错乱。"此说依据为风水之虞。《满城社会调查报告，北京满族调查报告》言：东方属木，由于白色代表金，白旗驻防东方，就可以金克木。西方属金，由于红色代表火，红旗驻防西方，就可以火克金……以此类推金、木、水、火、土五行的相克，故满城内正黄旗、镶黄旗的官兵居于北方，正红旗、镶红旗居于西方，正白旗、镶白旗居于东方，正蓝旗、镶蓝旗居于南方。宽巷子、窄巷子为满城西方，住的就是镶红旗。这样的等级制度和方位布置在风水盛行的清代是城池、城镇、建筑选址、布局的基本出发点，自然也是兵营布置遵循的出发点。虽然个中观念精华与糟粕俱存，但从历史唯物主义观点来审视，满城最初的形成正是在这种古代规划思想指导下的结果。不仅满城格局如此，涉及具体住宅的朝向方位，内部空间的布置、划分、组合，理应也"各照方向，不许错乱"，所以，历史上所有街巷建筑的大门皆不相对。若无法避免，也想方设法使大门斜开。宽窄巷子现存部分住宅大门斜开（比如宽巷子11号大门），正是在这种风水观念指导下的结果，其住宅的私密性得以保护等方面仍是值得肯定的。也正是"各照方向，不许错乱"，从大格局到小尺度空间的约制，使得城市景观的形态风貌富于变化。

毕竟里面住的是军人，自乾隆后期起，金川战役战事渐息，军饷停发，清廷划一亩多地给每一甲兵解决生计，让其自力更生，同时由公家修3间住房，四周围以土夯墙，称为一甲地，住一甲兵，这样大的占地面积自然多为庄稼地，建筑面积甚小，在150平方米～180平方米之内。我们现在看不到大城内纯为居住的前店后宅的、各省移民严格遵循的合院仪轨格局和高密度的建筑现象，经实测和了解，绝大多数住宅为一排3间住房，位置在传统合院正房处，即在大门进去正对着的方向。其他诸如厢房、下房、厨房等功能空间是没有的。后来有居民叙述说有走马转角楼、绣花楼等者，皆为后来人丁增加、转让、贫富分化等随历史变化而变化的结果，尤其是辛亥革命满人被逐出和抗日战争外省人进入时期的变化最大。就是到了清末至民国时，满城仍旧保留着"城市中的乡村"风貌。傅崇矩在《成都通览》中言："城内（笔者注：指少城）景物清幽，花木甚多，空气清洁，街道通旷，鸠声树影，令人神畅。"此大约说的是光绪、宣统年间。陈一石也在《成都满城史》中说"每户的空地甚宽，加以旗人长于园艺，栽花养鸟，所以各家都在自己庭园里竞相绿化，百花争妍，使整个满城四季飘香，林幽蝉噪""并不是像今日鳞次栉比、店铺相联的房舍，而是林荫覆盖、错落有致的小庭园""是鸟语花香，景色宜人的地方"。尤其是蒙古族老人刘显之编著的《成都满蒙族史略》中，更以亲历之事实描述清末民初满城景观，现摘录如下：

少城面貌：我们满蒙旗兵所驻在的少城，位于成都城区的西部。北由西大街、八宝街，东沿东城根街经半边桥君平街，过小南街南口止于西较场与南较场之间的大城城墙上。西面自老西门西城根抵西较场。周四里五分。偏南有一湾流水，从西较场（现军区后勤部）穿过密林向东流去，叫作金河（现是人防壕）。它是唐朝白敏中所开，今已有一千三百多年。河岸上还有两处稻田，一在西较场金河进入城内地方，一在现今人民公园。

少城街道作蜈蚣形，各胡同是脚，长顺街是脊梁。胡同内是官兵营房。营房是把每一胡同的两对面空地划分成四十多个小段，叫作甲地，面积约一亩左右，中间建修住房三间，占地约十分之二，因此各家都有很宽的空坝。房屋是各不相连，年代久了，这些房子都很破烂，墙垣也多倒塌。在长顺街、祠堂街、西大街略有几处铺房，房子也不够好。

由于每家都有空坝，我满蒙族的人又多喜欢花木，到处都种有不少的花果竹树及高大的楠柏木。另外还有几处池塘，种上美丽的荷花（方池街、祠堂街、四道街）。

少城人口稀少，房屋破烂，看起来显得是一种冷清的景象，虽然说它是个寂寞的荒村也不算过，但如果从那些花果竹树方面看，又似别有天地。因为你从大城人烟稠密、房屋连接的街道经过，一下由西御街或羊市街进入少城，看见行人寥寥，房屋稀疏，会使你有一种幽静而深远的感觉。在春天的时候，各种珍禽奇鸟在林间飞鸣，发出清脆的歌声；海棠、玉兰及桃李等花红白相映，树木已长出新叶，嫩绿的颜色好像染上人们的衣襟。到了夏天，如在浓密的树荫下慢慢行走，并不感觉烈日的威胁，耳边时时听到黄鹂和抑扬不断的蝉声。晚来凉风又送来荷花的清香气味。尤其夏天已过，到那天朗气清的秋天，桂花盛开，馥郁的香气，你无论到少城任何一条胡同，都会闻到这种香味。整个少城简直成了香国，逗引你流连不忍离去。至于梅花盛开的冬天，也是没有一家没有三五株或红或绿地开着，颜色美丽，气味芬芳，真使人欣赏不尽。这种景象很像古人写的桃花源，也像小说中写的迷了路的人行走在没有人烟的荒山中忽然看到了花木茂繁，人群往来，能不欣然欢喜吗？但这种景象在一九一一年的改革和一九四九年解放两个阶段后，以之代替的则是机关、学校、工厂、商店和巍峨高大的楼房，又另是一番繁荣的气象了。

除此之外，好多关于满城的文献都大同小异地谈到了上述居住及环境状况。可喜的是今作为历史文化保护区的宽巷子、窄巷子范围内依稀仍保留着这种优良的绿化风气。

宽窄巷子两条街道两侧临街住宅立面，现仍遗存着若干不同风格、不同材料、不同朝向、不同尺度的大门，它们仍沿街串联在一起，形成历史文化保护区的一大空间特色。又由于大门做法的讲究，社会上产生一些误解，以为里面必然是比大门更豪华的合院空间，亦必然是雕梁画栋、流金沥彩的装修和装饰。这一点，上面我们已经作了探索。但街道清一色黑灰色调的墙体及大门气氛，感觉像北京的胡同，使人不得其解。实则此正是清代建筑规范的结果，正是清以来等级制度的反映。比如住宅，远至春秋时代，大者"天子九间，公侯七间，士大夫五间"的住宅制度就规定什么样的人该住什么样的住宅，甚至于坟墓（阴宅）里的棺木，大小都有相对应"九、七、五……"数的规定，比如长沙马王堆内棺木尺度皆按公侯制行事。延至明清，都有严格的界限，小到府第正门用的门环，如公主府第正门用"绿油钢环"，公侯用"金漆锡环"，一、二品官用"绿油锡环"，三至五品官用"黑油锡环"，六至九品官用"黑油铁环"等等。故满城几十条兵丁胡同，屋主连九品都算不上，只有黑门无环了。《大清会典事例》也说"公侯以下官民瓦屋……门用黑饰"，实则为一般百姓之门。如是正与北京胡同相似。加之无论砖砌门、木构门依清"旗汉分治"而在大门上有别于汉人做法，故仿造北方胡同民居大门亦正是"旗汉分治"有别在建筑上的标志性反映。如果说满人在东北老家时，以骑射游牧为主的幕帐居住形式并无此般砖木结构大门，定都北京后才渐自认同了北京胡同居住文化，那么当时真正居住在胡同者恐怕不多。但旗兵到了远离皇都北京的地方后，又把地位降低到

/∧ 宽巷子东入口

/∧ 窄巷子 30 号以西街巷风貌

∧ 窄巷子 30 号庭院

∧ 宽巷子 37 号门与庭院

∧ 窄巷子 24 号门楼

∧ 窄巷子 6 号庭院

/\\ 宽巷子 25 号小姐楼

/\\ 窄巷子市井风貌

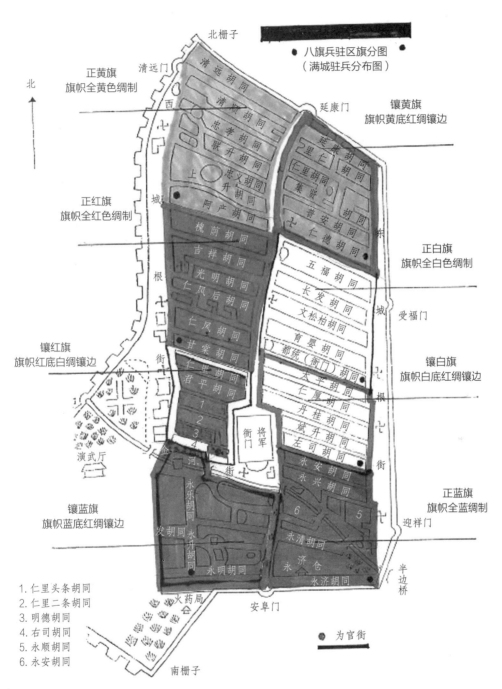

北栅子

正黄旗
旗帜全黄色绸制

镶黄旗
旗帜黄底红绸镶边

正红旗
旗帜全红色绸制

正白旗
旗帜全白色绸制

镶红旗
旗帜红底白绸镶边

镶白旗
旗帜白底红绸镶边

镶蓝旗
旗帜蓝底红绸镶边

正蓝旗
旗帜全蓝绸制

清远门
清顺胡同
忠孝胡同
联升胡同
上城
忠义胡同
升胡同
阿产胡同
槐荫胡同
吉祥胡同
光明胡同
仁风后胡同
仁风胡同
甘棠胡同
根
仁里胡同
君平胡同
街
演武厅
金河
街

延康门
延康胡同
里仁胡同
仁里胡同
集贤
普安胡同
仁德胡同
五福胡同
长发胡同
文松柏胡同
育婴胡同
都统(衙门)胡同
太平胡同
仁厚胡同
丹程胡同
赋升胡同
左司胡同
永安胡同
永兴胡同
永安胡同
永清胡同
永济仓
永济胡同

受福门
根
镇
街
迎祥门
半边桥

西
根
城
东

将军
衙门

永乐胡同
发胡同
永升胡同
永明胡同

火药局

南栅子

安阜门

1. 仁里头条胡同
2. 仁里二条胡同
3. 明德胡同
4. 右司胡同
5. 永顺胡同
6. 永安胡同

八旗兵驻区旗分图
(满城驻兵分布图)

为官街

八旗兵驻区旗分图(满城驻兵分布图)

北

八 窄巷子 6 号以西街巷风貌

和老百姓一样的平凡，要在建筑尤其住宅上标明身份，唯以首都胡同作为与当地住宅的区别最能说明"皇室"身份。确实也如此，和四川成都全木结构、木料本色的低矮龙门比较，满城砖砌垂花门普遍尺度宽大、高朗、全涂黑色，走进去如漫步北京胡同。刘致平《中国建筑类型及结构》言："四川成都许多大门用垂花门式，做法很像北方的垂花门，配着简洁的砖墙，由大街上看过去真是绮丽之至，令人驻足不忍遽去。"更加力证了满城胡同之北方神形韵味的由来。但这里存在的一个疑点是宽窄巷子现存大门普遍尺度高大，恐多已不是大门最初的原始尺度，经 300 年沧桑，各类人物进入，处处都显示改造的痕迹。加之人们爱炫耀和顾脸面，逐渐把大门越做越大。比如宽巷子 25 号宅，正是不断改造的结果。

当然，现存宽窄巷子的大门不唯此一类，还有屋宇式门，即在下厅中间或左隅开门，进去有门屏，人由左右进出至天井。再有本地的龙门等。实则，宽

/∧ 宽巷子西段南侧天主教房屋

/∧ 窄巷子市井风貌

/∧ 宽巷子 26 号改造后店面形态

/∧ 宽巷子民居三开间原貌

/∧ 窄巷子 30 号庭院绿化

窄巷子从对居住文化保护的角度言，最值得保护者也仅剩当街大门集萃了。虽然经受西方文化影响，不少砖砌大门自民国初以来经改造，上部出现三角形、圆弧形等仿小教堂做法，但主调仍不失时代特征。街上仍弥漫着一股清代市井古风，尤其是窄巷子29号到45号段最纯正。

宽、窄巷子与街道民居概况

从上述诸点，本文实已不断接触现状，作为历史文化保护区，空间的历史状态在街道和大门内部已发生了巨大变化，主要表现在以下几方面。

一、砖混结构仿古建筑现状

这一类建筑占地总数为14735.2平方米，约合22亩多，已占据保护区总面积85.2亩的四分之一多，建筑体量和尺度普遍大于砖木结构的保护区传统民居，加之都有二至三层楼层，墙体仿木构大尺度结构框架外露，几乎都涂成十分抢眼的红色。整个仿传统民居介质体系无真实信息可言，严重冲击保护区历史文化的形态风貌。

二、搭建现象严重

这是一个遍及宽窄巷子所有传统庭院内外的现象，建筑面积总和远远超过原始建筑空间。做法、用材、空间等五花八门，严重影响通风、排水、采光、气温、湿度、交通、环卫等，不知者以为是传统民居痼疾所致。实则换成钢筋水泥房子，上面的现象一样也会产生。另外在宽巷子39号至61号，长67米的街段临街民居间，全为简易平房，虽用传统材料修建，但无文化内涵，临街立面纯为集体宿舍式统一的门窗，没有保留价值。

根据数据，参考地形图和实测相结合的测算，依据现存每户空间以夯土墙

∧ 窄巷子 25 号老虎窗

∧ 窄巷子 6 号屋宇式垂花门洞

/⋀ 窄巷子 38 号外墙面

/⋀ 窄巷子 27 号近代建筑

围合的临街宽度为准，估计宽巷子清代共居住兵丁 36 户，一户一院，街巷两侧各 18 户。窄巷子与宽巷子完全一样。两街共居住兵丁 72 户，72 个庭院。

其中平均每户住宅面阔 22 米左右，进深约 32 米，每户占地面积平均约 700 平方米，折合 1 亩多，和史料记载是相吻合的。每户内究竟有多大的原始建筑面积，经普查和实测，清代初建时的木构建筑已不存在（本调研组正在请成都理工大学教授作碳 -14 测定），现存者均为后来陆续修建或在原屋基基础上扩建和完善的。尤其是在原基础上完善者，如宽巷子 2 号、31 号，窄巷子 31 号等，建筑面积都大致相等，计 162 平方米，其中每宅进深 9 米，面阔 18 米。若按清制，兵丁、百姓每宅建筑只能有 3 间计算，每间建筑面积至少在 50 平方米。若用现代居室面积作比较，显然太宽大了。实际上清制要求每宅 3 间，并没有规定每间面积。再则，兵丁们"弃兵从农"，房间小是无法从事农业生产的（指庭院间花木经济）。还有，兵丁均为八旗后裔，个中有些优惠也是可能的。不过仔细算来，3 大间中间再隔断成卧室、客房、堂屋等功能空间，每间也就平均 20 多平方米。故上述情况经研讨，现状是符合历史事实的。那么，每户余下 500 多平方米的肥沃空地实为花木地，也足够每户兵丁生存了。

由于为清政府统一修建，除面积一致外，建筑形制与用料、做工理应不会有优劣之分。毕竟又是满人掌权建房，对汉人民居及文化了解深度有限，故从现状分析，临街民居大门"各照方向，不许错乱"，和汉人城镇民居做法是一致的。但仅有大门讲究，且不是下房中间或左侧开门，就是说无下房建筑空间，实为从一道围护墙中开门，此做法可以从增大耕地面积理解，故而也无厢房，无严格意义的天井和其他用房均同理。那么，现存民居凡有违此做法者一律可视为后搭建者。因为生存是第一位的，故庭院内耕地面积越大越好。

这样的"军人民居"进入装饰层面，如果按一条街 36 户计算，整个满城官兵共分布于 42 条街巷，总计 1512 户，此数据也是符合历史事实的，可想而知在当时是非常巨大的工程，那么仅用于装饰的钱也定然是个大数目。所以，宽窄巷子传统民居少见雕刻、彩绘之类，自然也是从精简节约出发。

成都满城从宽、窄巷子以点带面进行研究，使我们看到中国城市中一个极为罕见的特殊形态：一个有中轴线和城墙的城池格局与兵营的完美结合体；一个不断增加建筑类型，模糊兵营形象，不断完善城市功能的特殊的传统城市发

/∧ 窄巷子市井风貌

展形态；我国罕见的民居类型和庭院农业经济模式（包括由生产粮食逐渐过渡到花木栽培销售，进而影响成都西部郊区花木业的发展）；我国罕见的城市居民住宅用地分配模式带来的城市绿化景观和生态效应，以及被整个成都市内庭院绿化的民风影响的超前的城市居住模式。

三、街道现状

    宽、窄巷子为清以来满城 42 条街巷中的两条街巷，是满城街巷格局中一个有机的组成部分。两街东西两端分别由长顺上街、下同仁街衔接，控制、协调、界定、识别的空间元素调动组织得非常有机和流畅。各街口街面尺度与立面建筑尺度之比，构成住地居民熟习的家门空间共同特征。

    尤其街面宽度虽然和其他街口差别不大，但一些细微特征、做法、景深差

/⋀ 满城兵丁胡同庭院复原意象图

异、建筑细部特点、绿化树种形态等等均与街面一起，协调成一街入口与其他
不同的固有空间征候。如宽巷子的"宽"与窄巷子的"窄"，本质上就是街面宽
度两相比较在尺度上反映的结果。宽巷子宽 7.7 米，窄巷子宽 6.6 米，差别本
来不大，但居民对尺度微妙差异的敏感和洞察，很快就会影响到对街名的称呼，
以至后来对更名为兴仁胡同、太平胡同也不屑一顾。由于各历史时期对街道的

∧ 窄巷子 38 号庭院绿化

∧ 窄巷子 32 号庭院绿化

∧ 窄巷子 38 号庭院楼道

∧ 窄巷子 40 号李华生宅内部改造（画室）鸟瞰

修缮，两街巷地面标高普遍高于两侧民居地面。原因是一次一次铺垫，无论是泥地、三合土，还是后来的沥青路，均在原标高上进行。这就导致了民居内普遍潮湿，排水不畅，进而导致木构朽烂的局面，加之搭建过多，密不透风，则更加剧了环卫的恶劣程度，形成恶性循环的居住环境。所以，不少人责怪传统民居潮湿阴暗，这并不是开始时的状况，其中抬高公共路面是一个很重要的原因。当然，现存路面显得破烂，和大街通衢比又显得"卑微"和冷清，那是有关人士对历史文化街区的认识深浅不同进而影响行为的结果。

综上，调查研究宽巷子、窄巷子，使我们看到城市发展在局部区域的历史文化脉络。它呈现的复杂性带来了一个城市形态的丰富性。此是中国城镇个个不同，进而城市个性得以塑造、得以张扬、得以整体识别的内涵所在，尤其是历史文化名城、名镇，依赖的就是诸如此类的时间与空间积淀，这些东西消失了，历史文化名城实际上也就消失了，因为它没有了可资判断的城市空间载体，特别是范围较大的空间载体组团。此实已是"文明的碎片"了，保护它，还原它的本来面目，这是一个有修养、高素质民族本来该做的平常事，理应不需大声疾呼。

四、宽、窄巷子绿化现状

满城自兴建起，绿化之风延续几百年，在成都有口皆碑，并构成满城生产生活的空间形态、生态环境，形成一大特殊城市文化景观。此结论是本次调研最大收获之一。因为它形成的人居环境，城市人均绿地拥有率，对城市乔木多品种的栽植等等，均具有无可挑剔的超前性和现实性。无论是无意为之，或是有意为之，抑或是生存需要，满城绿化模式都向城市发展提出一个严峻课题：生存质量与现代社会高速发展之间，城市化进程与人居环境之间，如何解决人类终极目的，即提高生存质量。一定意义上讲，满城绿化是清以来满城声名鹊起的一个重要因素。清代满城居民靠花木栽培的庭院经济谋生。清末傅崇矩说

╱╲ 窄巷子40号庭院绿化

∧ 窄巷子1号绿化

"花木甚多，鸠声树影"，又有学者言"竞相绿化，百花争妍，四季飘香，林幽蝉噪，林荫覆盖"。80多岁的居民说，清末民初，尚无人民公园，大城居民多到奎星楼和同仁路一带休闲玩耍。说那里就是森林公园，足见当时绿化的状态和风貌。时多高大楠木，树冠之上，白鹤成群，叫声不断，自然和人文生态良好循环到极致，真正完整定义和诠释了"生态"一词。尤其是叶圣陶先生1945年在《谈成都的树木》一文中，更把少城绿化描绘得淋漓尽致，他说："少城一带的树木真繁茂，说得过分些，几乎是房子藏在树丛里，不是树木栽在各家的院子里。山茶、玉兰、碧桃、海棠，各种的花显出各种的光彩，成片成片深绿和浅绿的树叶子组合成锦绣。"延至今日，此风此景仍盛，仍旧形成草本、藤蔓、灌木、乔木群落性整体生长的态势。个别庭院景象幽深，任其蔓延，遂成无序状态。就连农民进院收潲水，也说像他们农村院子，实则构成一幅城市中的乡村风貌。仅就数百棵乔木论，有胸径达50厘米、高20多米者。种类有皂角、香樟、枇杷、女贞、红梅、法国梧桐、泡桐、构、桉、洋槐、榆钱、苦楝子、桑、樱花、酸枣、白杨、银杏、黄桷、核桃、棕榈、松、紫荆、水冬瓜、桃、李、麻柳、杉、罗汉松、蜡梅、樱桃等数十个品种。还有斑竹、慈竹、夹竹桃、万年青等其他植物。加之灌木、藤蔓、花草处处繁茂生长，宽窄巷子绿化古风至今昌炽不衰。很显然，这就构成了宽窄巷子的大空间特点，同时里面又包含了发生发展的历史文化因素，所以它是很值得继续弘扬、提倡的风气，也是保护、改造、规划功能在文化定位上应深思和重视的方面。

第二章

人性尺度

——部分街道测绘

当代中国，已经是高楼林立的城市之国。年轻人已经适应了这样的尺度，适应了发展的速度……国家正在发生翻天覆地的变化。

这里的简略测绘说的是农业社会民居，一种地域的历史文化尺度，一种受社会、经济等因素制约的农业文明的居住空间尺度。所以不能用当代背景来衡量过去的事，不能用工业文明的尺度去丈量农业文明事象。

我们的出发点，是想给历史、给四川、给成都留下一条街的粗略尺度。比如，现状和空间原点的差距，清前期与现阶段特定尺度及风貌的过程比较，民居单体用地及空间尺度的基本数据……如此而已。但令人遗憾的是，我们没有真正找到一家有 300 年历史的全木穿斗结构的"八旗兵丁"之宅，也没有关于两条街（宽巷子、窄巷子）4 个立面全息的清代前期风貌。一切全部变了，不断地变，一年一变……犹如当今成都市井：几天不上街就找不到路了。

这是一项愉快的空间测绘作业，让同学们摸一摸历史的脉搏，用皮尺一段一段地去测量空间"体温"，只要有触及古人体肤之感的恍惚，便是境界，便能感到空间人性的存在。

宽巷子25号沿街立面

宽巷子南侧沿街立面

窄巷子北侧沿街立面

八 宽、窄巷子历史文化保护区重点测绘沿街立面、节点索引图

各街道尺度：宽巷子长391米，宽7～7.7米
窄巷子长390米，宽5.5～6米
井巷子长375米，宽9.5～10米

手绘宽巷子

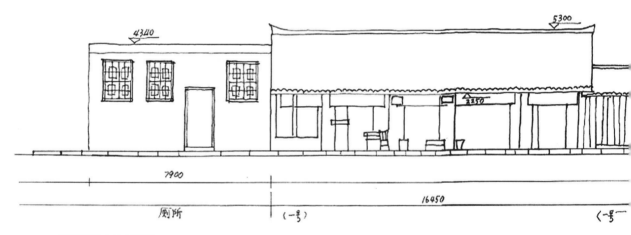

4340

5300

7900

16450

厕所

(一号)

(一号)

／⋀ 宽巷子原1号立面图

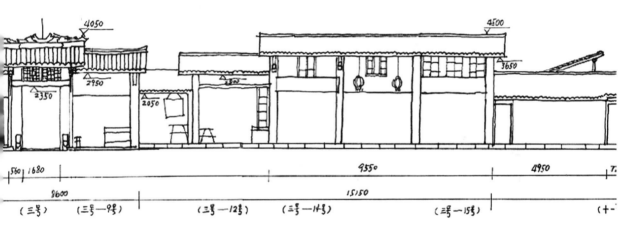

4050 4500

2950 3650

2350 2050 2800

580 1680 9550 4950

8600 15150

（三号） （三号—9号） （三号—12号） （三号—14号） （三号—15号） （十一

∧∧ 宽巷子原 3 号附 9—15 号立面图

/∧ 1号改造成餐馆

/∧ 3号大门还保存一些古韵

⋀ 3号—12、14、15号，临街已经不是古貌

⋀ 11号—1号，这里可能留有一些古迹

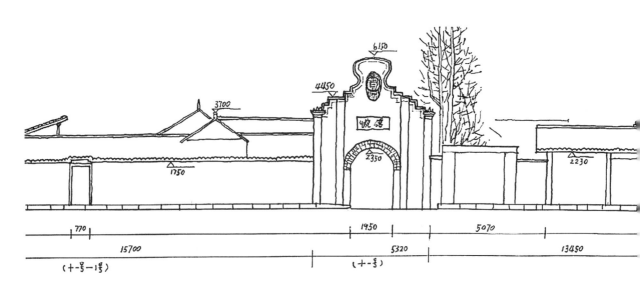

6150

4450

3700

1750

2350

2230

770

1950

5070

15700

5320

13450

(十一号一1号)

(十一号)

/∧ 宽巷子原 11 号大门立面图

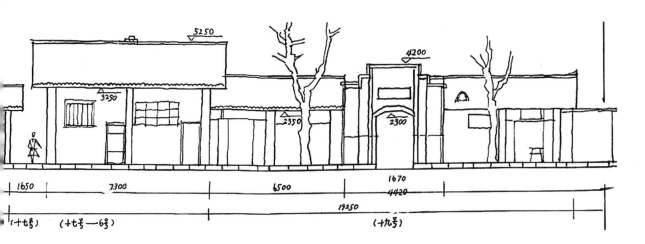

5250

3250

2350

4200

2300

1650　　　　7300　　　　　　6500　　　1670

4420

19250

（十七号）　（十七号—6号）　　　　　　　　　　（十九号）

/⋀ 宽巷子 17 号—19 号立面图

↗ 11号民国初年大门，偏斜中让人感到风水的介入

↗ 17号—1号破墙开店

/╲ 17 号附 1—6 号为新中国成立后所建

/╲ 19 号已面目全非，19 号大门仍是民国时所建

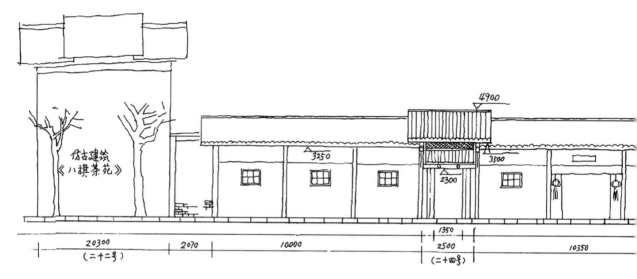

仿古建筑
《八旗茶苑》

4900

3250

3500

2300

1350

20300
（二十二号）

2070

10000

2500
（二十四号）

10350

/\\ 宽巷子 22 号—24 号立面图

/\/\ 22 号"八旗茶苑"仿古建筑

/\/\ 24 号大门上有楼,仍不失成都民居风格

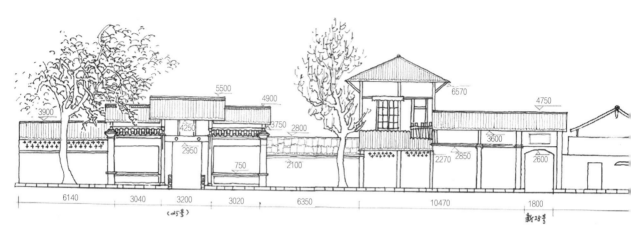

3900 5500 4900 6570 4750
4250 3750 2800 3600
2950 2270 2850 2600
750 2100

6140 3040 3200 3020 6350 10470 1800

(25号) 新25号

⚄ 宽巷子 25 号—新 25 号立面图

/⺤ 25 号标准的官宦人家门

/⺤ 25 号小姐楼

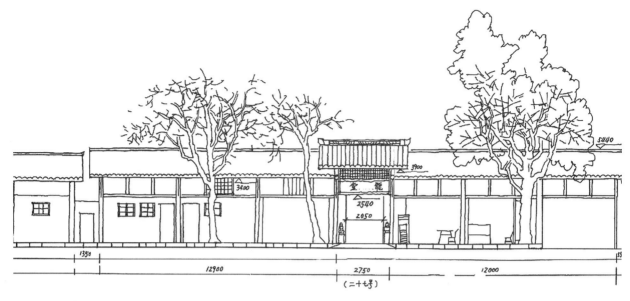

△ 宽巷子 27 号立面图

△ 27 号大门改造得也不差

∧ 27号大门旁边有扇卷帘门

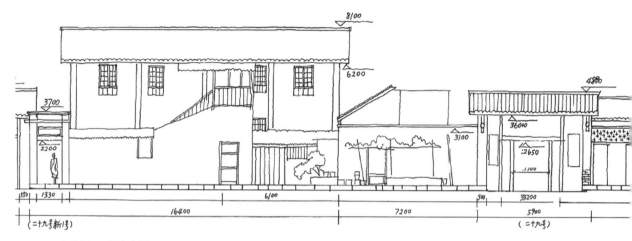

8100

6200

3700

2200

4800

36040

3100

:2650

:1100

1530 1330

6100

500 3200

16400

7200

5900

（二十九号新1号）

（二十九号）

/∧ 宽巷子 29 号立面图

/⋀ 29号新1号加建再加搭建

/⋀ 29号大门前小摊

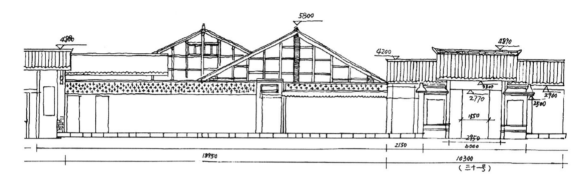

△ 宽巷子 31 号立面图

/⋀ 31 号山墙改造尚不错

/⋀ 31 号已经不是寻常百姓家

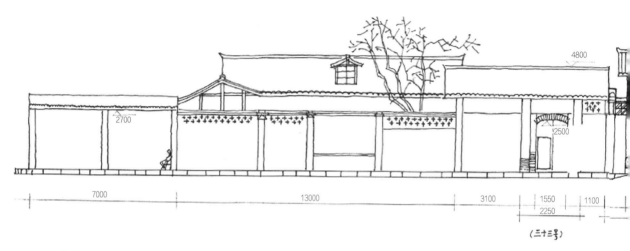

4800

2700

2500

| 7000 | 13000 | 3100 | 1550 | 1100 |

2250

（三十三号）

/∧ 宽巷子 33 号立面图

/╲ 33 号外墙

/╲ 33 号大门

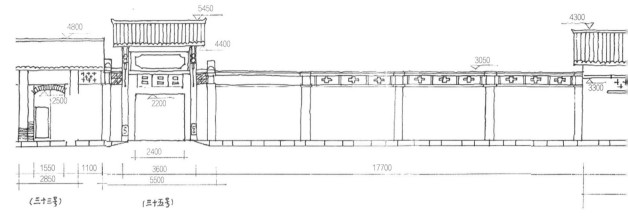

/⋏ 宽巷子 35 号—39 号立面图

/⋏ 35 号仿古水泥门

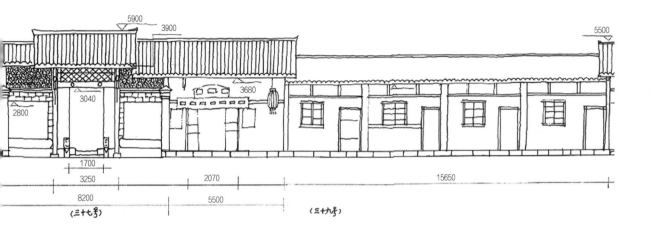

5900
3900
5500
3040
3680
2800
1700
3250
2070
15650
8200
5500
〈三十七号〉
〈三十九号〉

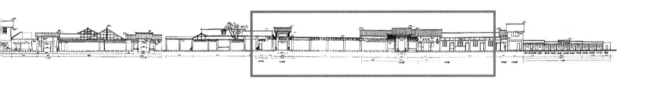

/⋀ 37 号大门细部

↗ 37 号改造成富贵人家门

↗ 39 号古木堂（一家古玩店）立面改造

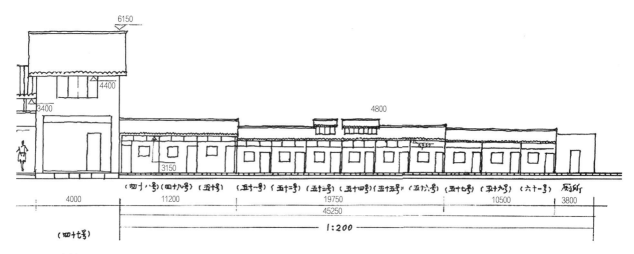

6150

4400

3400

4800

3150

（四十八号）（四十九号）（五十号）（五十一号）（五十二号）（五十三号）（五十四号）（五十五号）（五十六号）（五十七号）（五十九号）（六十一号）

4000　　　　11200　　　　　　19750　　　　　　　10500　　　3800

45250

1:200

（四十七号）

／∧　宽巷子 47 号—61 号立面图

/⋀ 39号—45号

/⋀ 53号、54号

手绘窄巷子

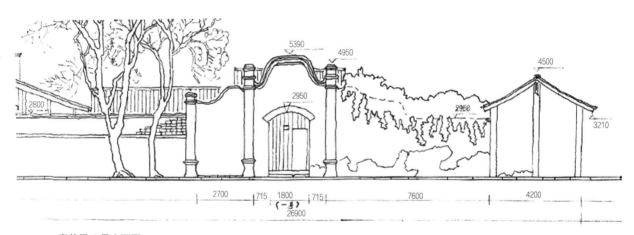

2800

5390
4950
2950
4500
2950
3210

2700 | 715 | 1800 | 715 | 7600 | 4200
(一号)
26900

/⋀ 窄巷子 1 号立面图

八 窄巷子1号

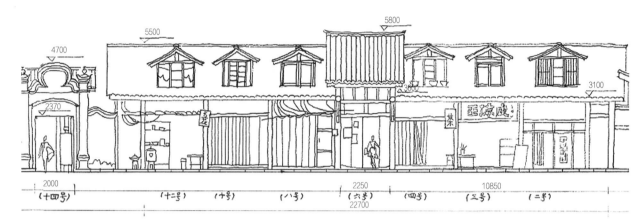

4700

5500

5800

3600

3100

2370

2000

2250

10850

（十四号）

（十二号）

（十号）

（八号）

（六号）

22700

（四号）

（三号）

（二号）

窄巷子 14 号—2 号立面图

小巷 6 号

小巷 4 号

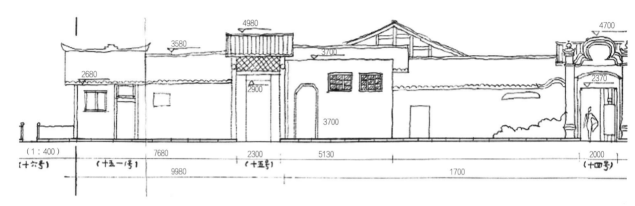

（1：400）

| 2680 | 3580 | 4980 | 3700 | 4700 |

2900

3700

2370

（十六号）　（十五—1号）　　　　　（十五号）　　　　　　　　　　　　　　（十四号）

7680　　　　2300　　　5130　　　　　　　　　　2000

9980　　　　　　　　　　　　　　　1700

△ 窄巷子16号—14号立面图

小厶14号

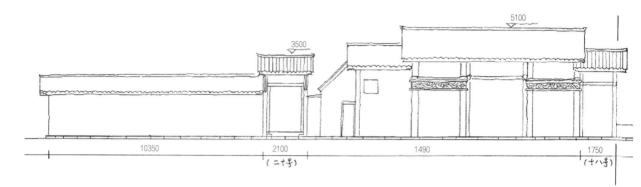

5100

3500

10350　　2100　　　1490　　　1750

（二十号）　　　　　　　　（十八号）

/⋀ 窄巷子 20 号—18 号立面图

/⋀ 22 号与 20 号之间民房

小⻔20号

小⻔18号

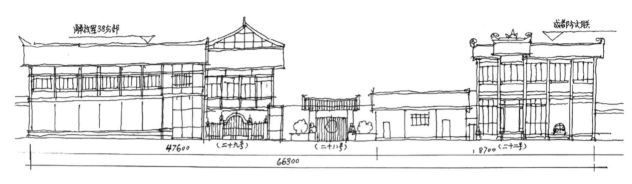

解放军38分部

成都阵文联

47600

（二十九号）

（二十八号）

18700 （二十二号）

66300

⋀⋀ 窄巷子 29 号—22 号立面图

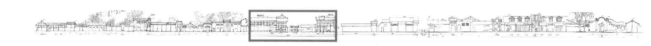

∧⋏ 29 号仿古建筑

∧⋏ 22 号成都市文联

/⋀ 窄巷子 38 号—30 号立面图

/⋀ 38 号

/八 32号

/八 30号

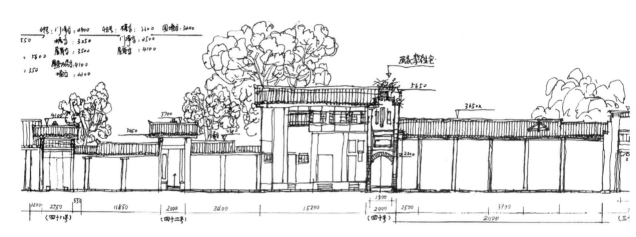

48号：门前：2400　48号：墙前：3100　围墙高：3000
550
城前：3050　门前：2500
5800　居前：3500　居前：4100
:350　堂内厕：4100
墙前：3000

两家影壁宅
5650
3650a
2200
3700
3450
4100
1300
2000
2400
15200
2000
2500
3700
12001 2750 550
11850
21100
（四十号）
（四十二号）
（四号）
（三

/∧∧ 窄巷子48号—38号立面图

△ 42号

△ 40号

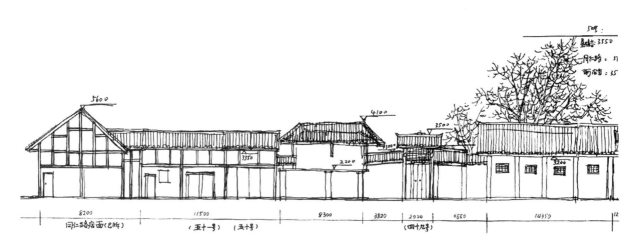

∧∧ 窄巷子 51 号—48 号立面图

/⋀ 51号及同仁路口

/⋀ 49号

第三章

民居原貌
——部分民居测绘

所谓"民居原貌"，不是清代中前期"八旗兵丁"街巷民居的尺度与风貌，而是社会演进到 20 世纪初的宽窄巷子民居现状，但不是成都市井民居的典型。

宽巷子、窄巷子原兵丁营房式民居几乎全部消失，待测绘时，发现多是清末民初、民末、新中国成立后，以至 20 世纪后期的各色建筑。甚至于还有工厂、机关、旅社等混凝土、大体量房子。所以，就是剩下的所谓乡土味的传统民居也不过是一些不甚正宗的砖木结构体。所幸，临街立面，尤其是大门，还部分保留了清代时期的韵味，但也夹杂了不少民国年间的近代建筑大门。当然，"不甚正宗"不等于没有地方特色。比如，窄巷子 1 号、6 号、27 号，宽巷子 25 号等宅还是颇具成都市井特色的。

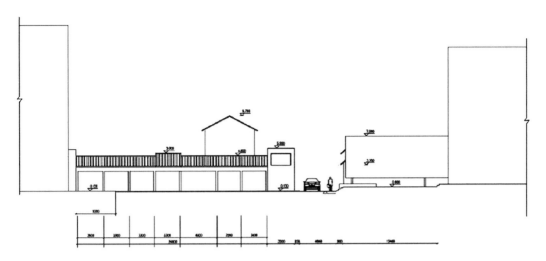

/⋀ 宽巷子东入口剖视图

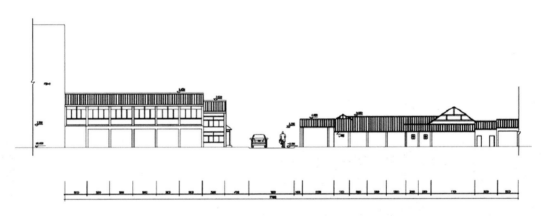

/⋀ 长顺上街西立面图

/⋀ 窄巷子东入口剖视图

窄巷子 1 号测绘

　　1 号院保持了成都民居合院格局，大门进来有屏风并形成屏门，人进来可左右绕行进院子内，是传统民居典型做法。此类形态代表了宽、窄巷子七八户人家的做法，但均不是兵丁住宅原貌，不过也算推倒重建顽守传统住宅仪轨者。这类建筑估计以清末民初者为多，原户主无法查寻，传说五花八门。最有故事者言此处在新中国成立前曾为国民党特务机关住宅，为全木穿逗结构，为纯住宅型。

/八 窄巷子 1 号卫星屋顶图像

∧ 窄巷子 1 号内部气氛温馨

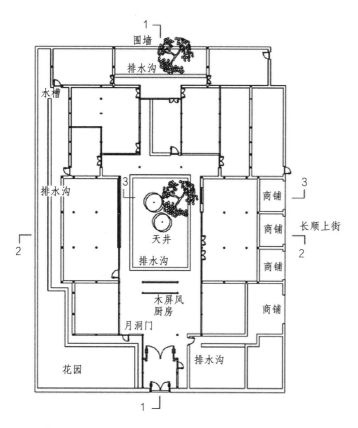

围墙

排水沟

水槽

排水沟

天井

排水沟

木屏风
厨房

月洞门

花园

排水沟

商铺

商铺

长顺上街

商铺

商铺

1

2

3

3

2

1

窄巷子 1 号一层平面图

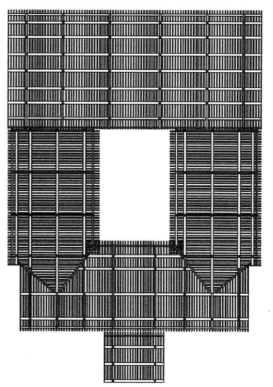

窄巷子 1 号屋顶平面图

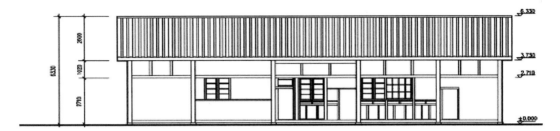

/⼁\ 窄巷子1号后房正立面图

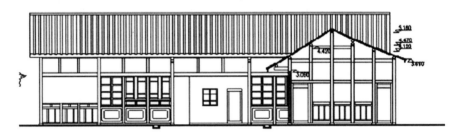

/⼁\ 窄巷子1号3—3剖立面图

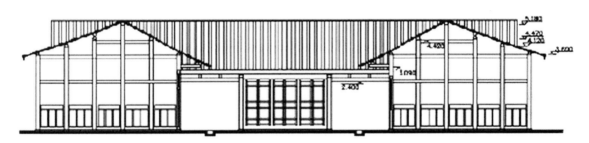

/⼁\ 宽巷子1号2—2剖面图

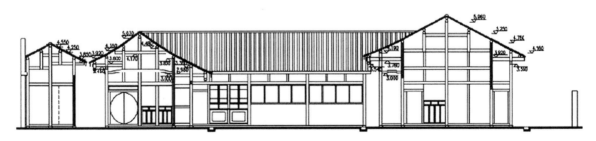

/⼁\ 宽巷子1号1—1剖面图

窄巷子6号测绘

6号也是在原兵丁住宅地块上重建的一处颇具成都街道民居特征的建筑。要点是前店后宅型，讲究方位、轴线，过道居中，有堂屋、厢房。前店进深大，故屋顶有老虎窗采光和通气。这些都是清以来成都街道民居的做法。尤其把住宅与前店分开，包含了可以出租、主客分开、互不干扰的初衷。

此类前店后宅者在宽、窄巷子不多，重建到位者仅此一家，故原宅非常宝贵。

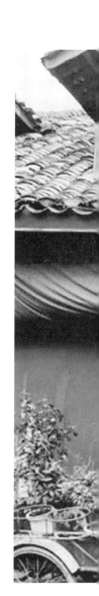

∧ 窄巷子6号卫星屋顶图像

∧ 窄巷子6号屋顶老虎窗

∧ 窄巷子6号临街巷立面大门

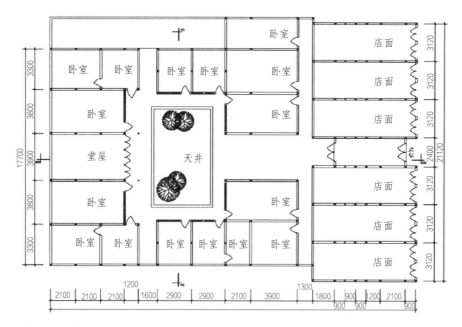

卧室　卧室　卧室　卧室　卧室　卧室　店面 3120

卧室　堂屋　天井　卧室　店面 3120

17700　21120

2100 2100 2100 1600 2900 2900 2100 3900 1800 900 1200 2100

窄巷子 6 号平面图

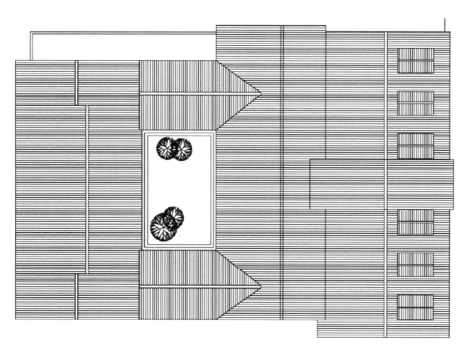

窄巷子 6 号屋顶平面图

窄巷子6号A—A剖立面图

窄巷子6号B—B剖立面图

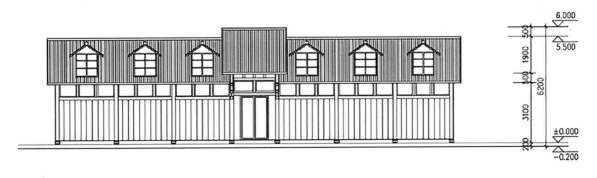

窄巷子6号沿街正立面图

窄巷子 14 号测绘

14号实则是一大杂院，时住多户人家，但住宽巷子一侧的有天井，人家虽小，建筑很不马虎，细部做得很精彩，此也是两巷不多见的，由此推测建造时间可能在清中期。

有趣的是，整个杂院把宽、窄巷子连接起来，可以走通，足可见世事沧桑，变化之大。

八 窄巷子 14 号大门内景

∧∧ 窄巷子 14 号屋顶卫星图像

∧∧ 窄巷子 14 号大杂院内纷乱状态

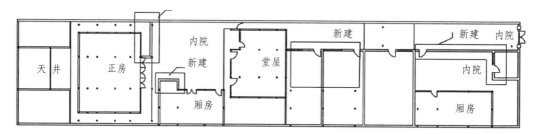

/⚭ 窄巷子 14 号一层平面图

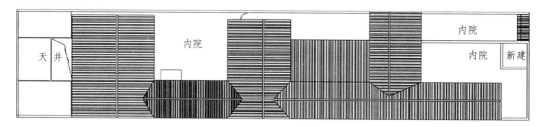

/⚭ 窄巷子 14 号屋顶平面图

/⚭ 窄巷子 A—A 剖面图

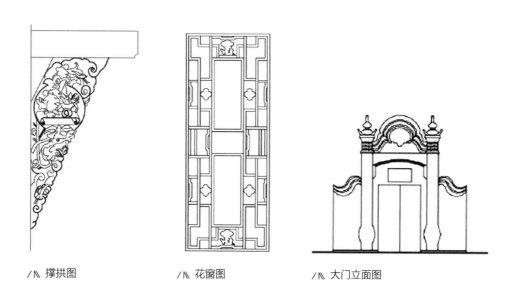

/⚭ 撑拱图 /⚭ 花窗图 /⚭ 大门立面图

窄巷子 27 号测绘

27 号为保护区内一幢乡土特色非常浓郁的近代建筑，已经无法找到宅主和修建的工匠了。我们感兴趣的是 20 世纪初到 40 年代，以他们对外来建筑的看法，尤其是成都人，为何爱在街巷间糅合传统居住空间和外来文化，并糅合得那样熨帖。他们是商人、教书匠、军人，还是其他什么人？

∧ 窄巷子 27 号原大门正面

/小 窄巷子 27 号原住宅正面

/小 窄巷子 27 号原住宅窗户

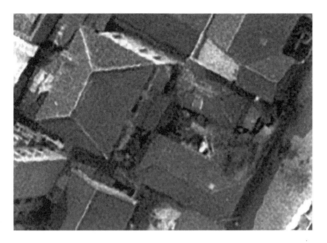

︿ 窄巷子 27 号屋顶卫星图像

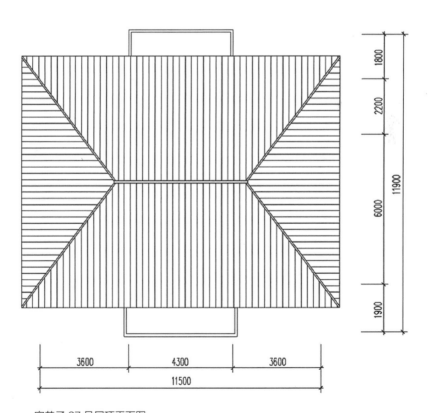

︿ 窄巷子 27 号屋顶平面图

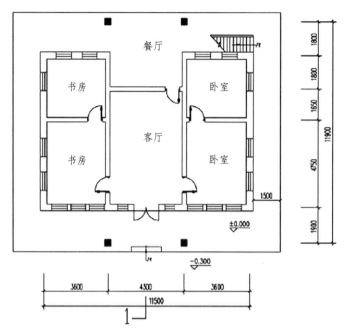

餐厅

书房

卧室

客厅

书房

卧室

±0.000

-0.300

1800

1800

1650

11900

4750

1900

1500

3600

4300

3600

11500

1

窄巷子27号一层平面图

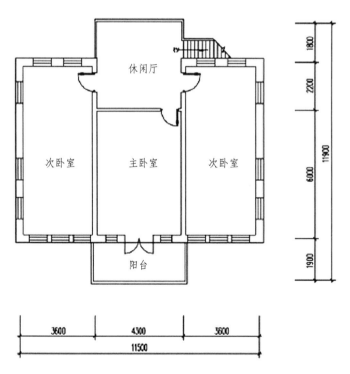

休闲厅

次卧室

主卧室

次卧室

阳台

1800

2200

11900

6000

1900

3600

4300

3600

11500

窄巷子27号二层平面图

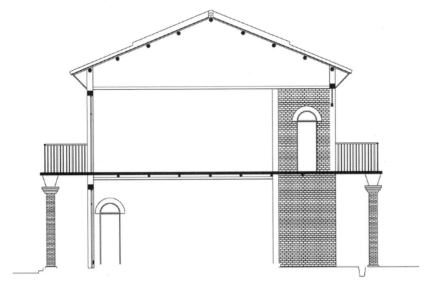

/⋀ 窄巷子 27 号

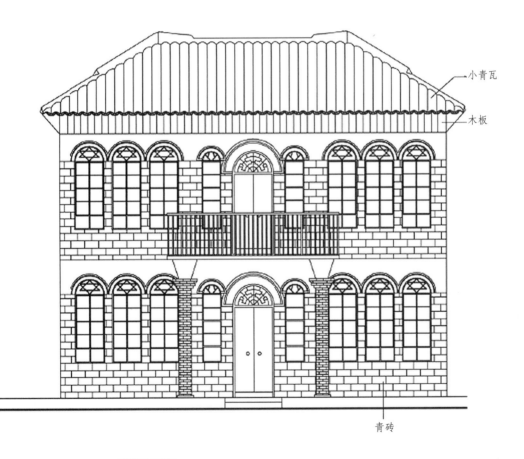

小青瓦

木板

青砖

/⋀ 窄巷子 27 号

窄巷子 30 号测绘

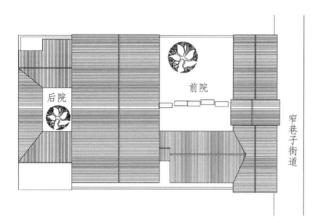

/∧∧ 窄巷子 30 号屋顶平面图

/∧∧ 窄巷子 30 号屋顶卫星图像

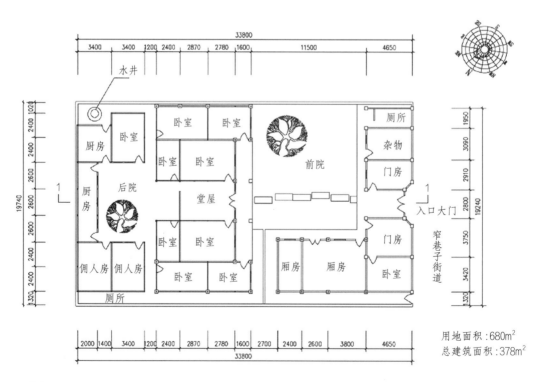

用地面积：680m²
总建筑面积：378m²

/∧∧ 窄巷子 30 号一层平面图

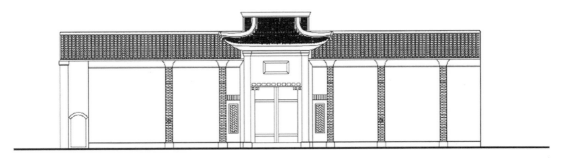

△ 窄巷子 30 号大门立面图

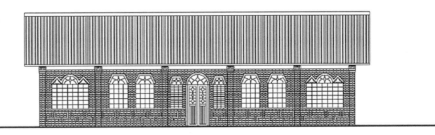

△ 窄巷子 30 号堂屋正立面图

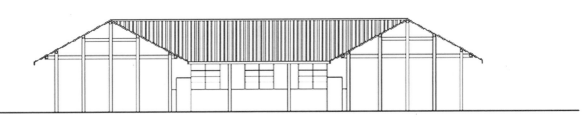

△ 窄巷子 30 号厨房正立面图

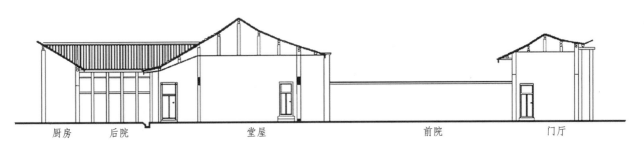

厨房　　后院　　　　　　堂屋　　　　　　　　前院　　　　门厅

△ 窄巷子 30 号 1—1 剖面图

窄巷子 32 号测绘

/\\ 窄巷子 32 号大门

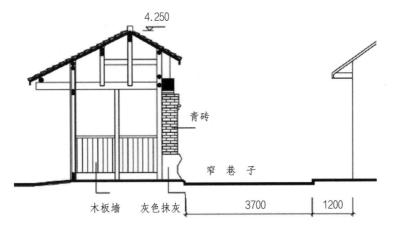

4.250

青砖

窄 巷 子

木板墙　　灰色抹灰　　　　　　3700　　　1200

窄巷子 32 号大门纵剖面图

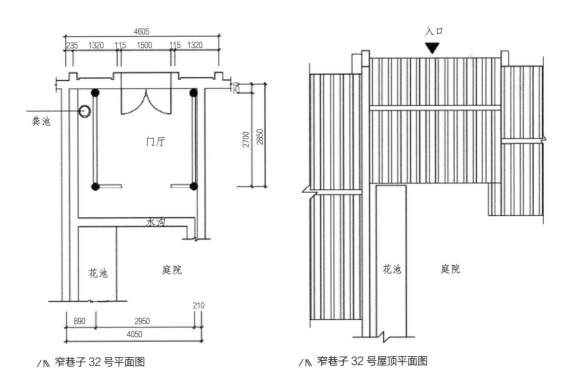

4605

235　1320　115　1500　115　1320

250

粪池

门厅

2700　2850

水沟

花池　　庭院

890　　2950　　210

4050

窄巷子 32 号平面图

入口

花池　　庭院

窄巷子 32 号屋顶平面图

窄巷子 38 号测绘

/◠ 窄巷子 38 号大门

窄巷子 38 号屋顶卫星图像

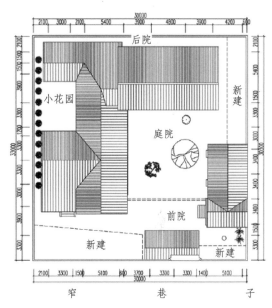

窄巷子 38 号屋顶平面图

用地面积：921m²
总建筑面积：462m²

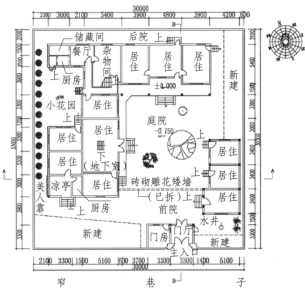

窄巷子 38 号一层平面图

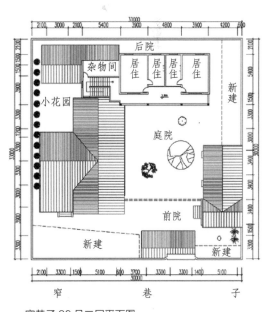

窄巷子 38 号二层平面图

∕∧ 窄巷子 38 号庭院（1）

∕∧ 窄巷子 38 号庭院（2）

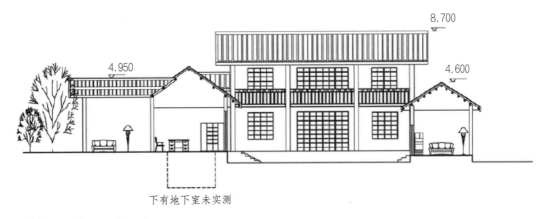

8.700

4.950

4.600

下有地下室未实测

窄巷子 38 号 A—A 剖面图

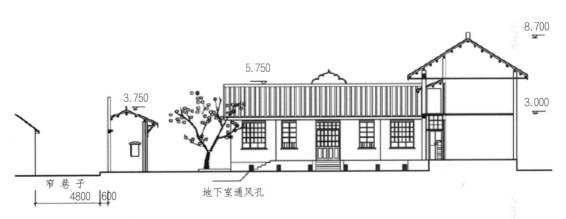

8.700

5.750

3.750

3.000

窄巷子
4800 600

地下室通风孔

窄巷子 38 号 B—B 剖面图

4.500

4.800

窄巷子 38 号东立面图

宽巷子 24 号测绘

/⋀ 宽巷子 24 号

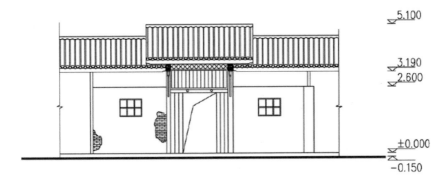

/八\ 宽巷子 24 号大门正立面图

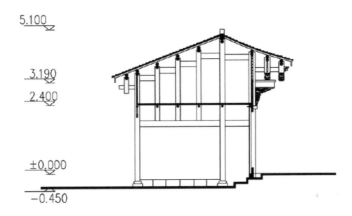

/八\ 宽巷子 24 号大门纵立面图

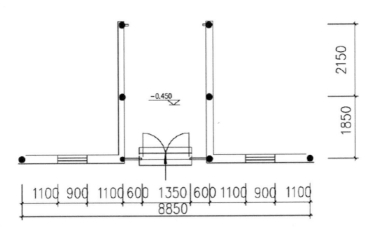

/八\ 宽巷子 24 号大门纵剖面图

宽巷子 25 号测绘

∕≀∖ 宽巷子 25 号屋顶卫星图像

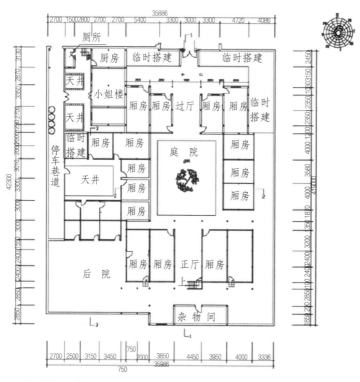

∕≀∖ 宽巷子 25 号一层平面图

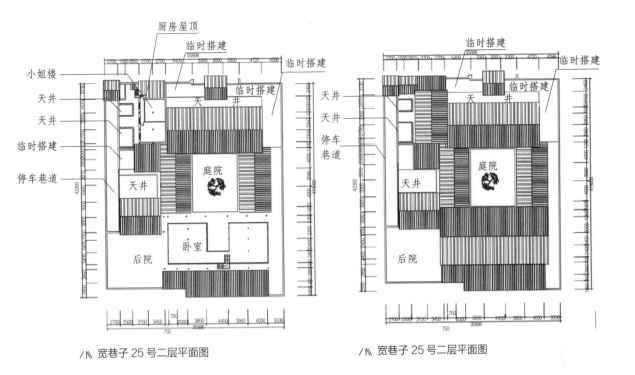

厨房屋顶
临时搭建
临时搭建

小姐楼
临时搭建

天井
天井
临时搭建
停车巷道

天井

庭院

卧室

后院

∕▨ 宽巷子 25 号二层平面图

临时搭建
临时搭建

天井
天井
停车
巷道

天井

天井

庭院

后院

∕▨ 宽巷子 25 号二层平面图

8.650

5.100

3.200

∕▨ 宽巷子 25 号小姐楼立面图

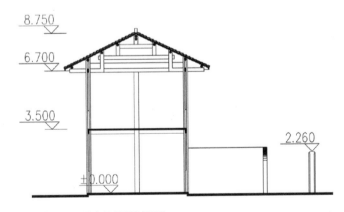

8.750

6.700

3.500

2.260

±0.000

∕▨ 宽巷子 25 号小姐楼横剖面图

/八 宽巷子 25 号的小姐楼

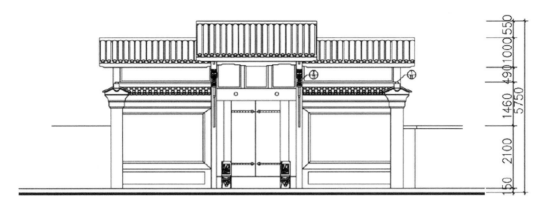

∧∧ 宽巷子 25 号大门正立面图

∧∧ 宽巷子 25 号大门纵剖面图

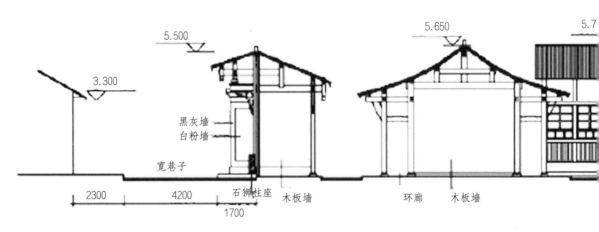

∧∧ 宽巷子 25 号 1—1 剖面图

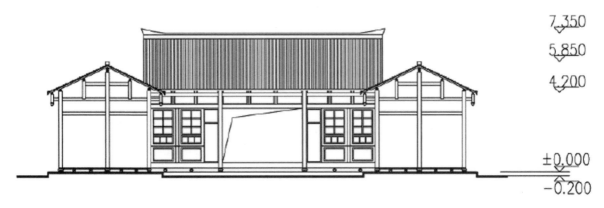

7.350

5.850

4.200

±0.000

-0.200

宽巷子 25 号 2—2 剖面图

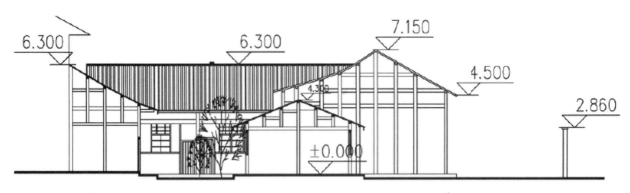

6.300

6.300

7.150

4.500

4.300

2.860

±0.000

宽巷子 25 号 3—3 剖面图

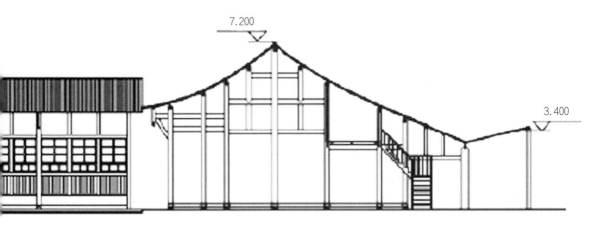

7.200

3.400

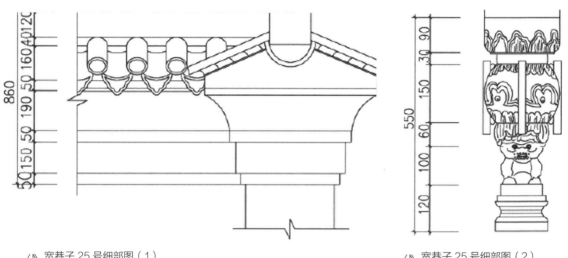

860
50 160 40 120
50 190
150 50
150
50

90
30
150
60
100
120
550

／\ 宽巷子 25 号细部图（1）　　　　　　　　　／\ 宽巷子 25 号细部图（2）

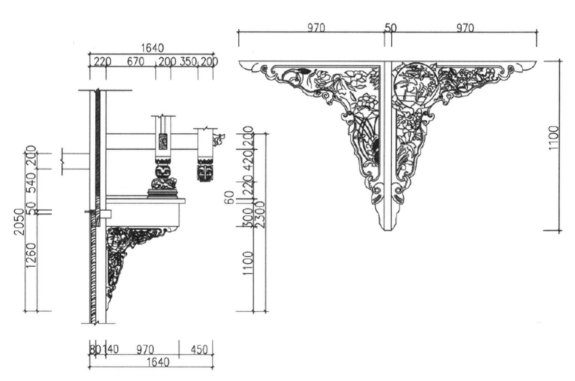

1640
220　670　200　350　200

2050
50 540 200
1260

200
220 420 200
60
300
2300
1100

970　50　970
1100

80 140　970　450
1640

／\ 宽巷子 25 号撑拱展开立面详图

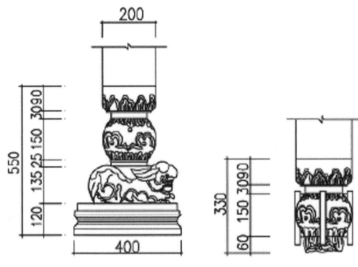

∕∧ 宽巷子 25 号吊瓜详图（1）　　∕∧ 宽巷子 25 号吊瓜详图（2）

∕∧ 宽巷子 25 号细部装饰（1）

∕∧ 宽巷子 25 号细部装饰（2）

宽巷子 37 号测绘

/⋀ 宽巷子 37 号大门

5.610

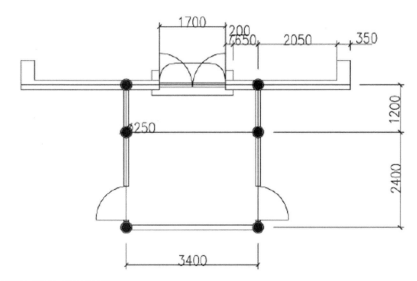

1700   200   2050   350
650

1200

3250

2400

3400

/⚲ 宽巷子 37 号大门平面图

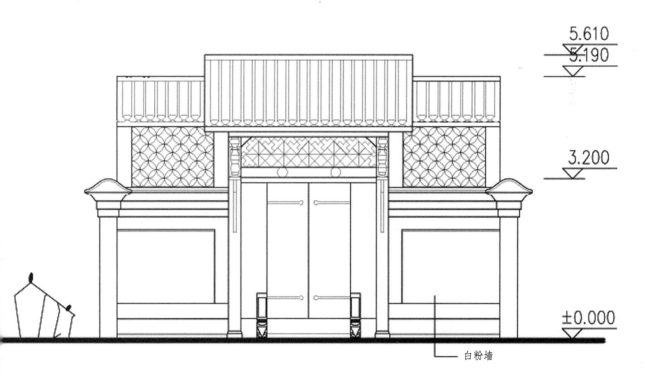

5.610
5.190

3.200

±0.000

白粉墙

/⚲ 宽巷子 37 号大门立面图

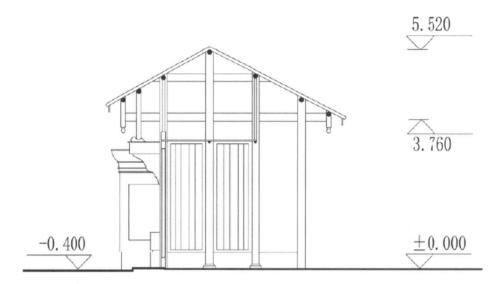

5.520

3.760

−0.400

±0.000

/⋀\ 宽巷子 37 号大门纵剖面图

/⋀\ 宽巷子 37 号屋顶卫星影像图

/⋀\ 宽巷子 37 号装饰（1）

/⺈ 宽巷子 37 号装饰（2）

/⺈ 宽巷子 37 号装饰（3）

第四章——芸芸众生

把所谓工科的建筑学活动融于历史、文化、民俗、民风的调研，是中国营造学社学人梁思成、林徽因、刘敦桢、刘致平等大家历来的学术风范，即认为建筑学是一门覆盖自然与人文的综合性学科。他们的表率作用，激励我们对乡土建筑调研的热情，同时又使我们有了可遵循的技术路线。沿着这条路走下去，它的科学性日渐明朗，亦证明他们的正确性。

把宽、窄巷子的一些老居民请出来，请他们讲几句生于斯、长于斯的感慨，无疑和他们的住宅要发生千丝万缕的联系。各色人等由于身份不同、学识差异，表现出对住宅的不同理解，甚至于不同的改造和重建方式。这便是人对于建筑的发生发展的决定性作用。果然，芸芸众生之宅千姿百态，犹如其面貌与个性，这就是建筑作为文化之一的魅力。

宽巷子、窄巷子民居采访名单

文章名称	被采访人姓名	民族	出生年月	文化情况等	身份	门牌	任职、工作情况①
《旗人，奇人，羊角先生》	羊角	蒙古	1944	高中	教师	宽巷子 11 号	任职四川音乐学院，在职
《土改干部宋云旭》	宋云旭	汉	1923	高中	干部	宽巷子 29 号	双流县农业局科长，退休干部
《日本外婆和她的庭院》	刘彬贞	汉	1944	高中	干部	宽巷子 31 号	退休教师，退休干部
《济民子世的周氏人家》	周毅强	汉	1923	本科	教师	宽巷子 33 号	原崇庆县副县长，崇庆县中学校长，退休干部
《一生乡土情的刘昌诚教授》	刘昌诚	汉	1920	本科	建筑规划师	宽巷子 35 号	原成都市规划局，院总工程师，市规划学术委员会主任，2003 年元月去世
《访艺术家李华生》	李华生	汉	1944		艺术家	窄巷子 40 号附 3 号	成都画院画师，自由职业
《宽巷子喝茶》	孙平国	汉	1950	知青	茶铺老板	宽巷子 27 号	龙兴茶馆老板，2006 年去世
《支矶石庙和它的邻居毛大姐》	毛大姐	汉	1950		个体户	下同仁路 55 号	火锅馆老板，个体户

① 此列信息截至 2011 年。

旗人，奇人，羊角先生

宽巷子 11 号

　　认识羊角先生纯属偶然。起因在他所居住的宽巷子 11 号大门与其他众多大门的殊异上：任何人从街道东端进入宽巷子不久，均会被他家朝向西北歪斜得厉害的砖砌大门吸引。用深灰色的清代小火砖在立面上做出了长方形的门额，椭圆形的镜框，圆形的铜钱花。顶部是圆弧形，往下砌作砖柱，大门被墙后一棵年轻的银杏衬托出苍迈。尤其是门歪斜着开，让人感到神秘，感到不解。进门两米又是一道砖门，再而是屏门，门由左右进去，羊角先生就住在左进屏门内，于是我们叩响了陈旧的木门。

　　经过自报家门和表明来意，羊角先生热情地请我们到客厅中稍坐，这是有地楼板的厢房，红漆早已剥落，穿逗夹泥墙的四壁下放着几把成色很旧、泛着暗黄的竹椅，唯墙上挂着大作家冯至书录的杜诗最引人注目：汉复留长策，中原仗老臣。还有就是先生画的几幅山水和人物；人物一看就是陈子庄……简陋之宅中居然尽是大家笔墨、大家画像，难道果真有大隐于市、沉浸在传统文化氛围中的高士？

　　跟所有满城兵丁胡同庭院一样，11 号的搭建房屋几乎遮盖了中间的三开间原始老宅。羊角家占了老宅右侧次间和后面小半花园，再加一个后厢房。后厢房权作画室，除一张画案外，到处摆满了根雕、泥俑、古玩、纸张。先生原来是一个画家。然而房屋的望板还滴着漏浸的夜雨，几处漏痕如写意泼彩挂在粉

/⋀ 宽巷子 11 号居民羊角

/⋀ 正在伏案作画的羊角先生

/⋀ 宽巷子 11 号灰砖大门

壁上，正如大门门额所题"恺庐"之意，是一间快乐的茅舍。虽然破旧感消失，但知识分子的处境仍让人感到酸楚，然而其中又多有苦中作乐的乐天大趣。

先生有一股豪爽气，一脸敦厚，一脸风霜，冲口说出自己就是八旗子弟，是满城世居的蒙古人后裔。此说让我立刻觉得刚才第一感觉并非肤浅，先生尚有北方民族骑射的彪悍风范，厚发、方脸、粗犷、练达……说起少城到满城，宽巷子、窄巷子、支矶石、井巷子的过去和现在，邻里与街坊，如悬河泻水，一发不可收，真乃满城百事通，一部完整的街坊百科全书。我暗自庆幸，踏破铁鞋无觅处，得来全不费工夫，终于找到了祖先是满蒙人的嫡传居民。

先生家谱已散失。祖父拉木都鲁（汉姓孙），前清武举人。父亲和多数满蒙后裔一样，过着无固定职业的生活，照羊角的话说，"什么都干过"，扎纸、短工、杂活，养活着他们两姐弟。叔伯辛亥革命时加入孙中山先生的同盟会，并有与中山先生合影为证，"大义灭亲"革腐朽的清朝封建主义的命，是与时俱进的革命斗士。众所周知，满城是一个泛称。实际上，八旗系统中蒙古族人占了相当大的比例。成都驻防旗兵，按清制编为八旗，即正黄旗、正红旗……每旗又分为三甲，头甲、二甲为满族兵，三甲为蒙古族兵，族称"扎喇"。羊角祖上正是康熙年间从荆州来川驻防的三千兵丁之一。羊角先生蒙古姓叫拉木尔。后汉姓由孙改成羊，适得今名。1944年生，属猴。自己究竟出生在满城哪一条街，已记不清楚，大致在长顺

⋀ 宽巷子11号屋顶卫星图像

街，具体在哪一个院子就更加不明白了，虽然母亲尚在，但诸如"洗衣粉可不可以吃"是母亲常有的发问，搞得家人非常紧张，深度老年痴呆，也无从问起。先生记得宽窄巷子、同仁路、四大街等，满城所有街巷全是儿时脚印，那满城之形恰是摇篮之状，生于斯，长于斯，飘飘然然成长起来。尤令人惊奇者在先生小学考初中的体检中，医生先以为他调皮，听诊心脏时没有声响，再听还是没有，于是大惊。先生人虽调皮，但心脏跳动与否则与此无关，请别的医生来听仍然没有。结果在身上东听西听，才发现右边有跳动，这一惊引起连锁反应，再对肝、脾等进行系列检查，发现所有内脏器官都与常人不同，简直是"乾坤大挪移"，左边的全部到了右边，右边的全部到了左边。据说这种概率在人类生理现象中是极罕见的。他说，祖上无一人如此，显见无遗传因素，真是奇人。

先生从小极喜绘画和民间艺术，整天醉心于艺术学习，先师从七中美术教师周子奇先生。是时一代国画艺术大师陈子庄亦住在满城仁厚街。羊角灵巧聪慧，1961年前后，常去陈先生那里"喝包打杂"，跑个腿什么的，比如打点酒，切点烧腊，称点砂胡豆、花生之类的，陈先生喊啥干啥，更不用说磨墨展纸了，虽然没拜师，却深得陈先生喜爱，也在陈先生那里得到绘画与理论的教习和熏

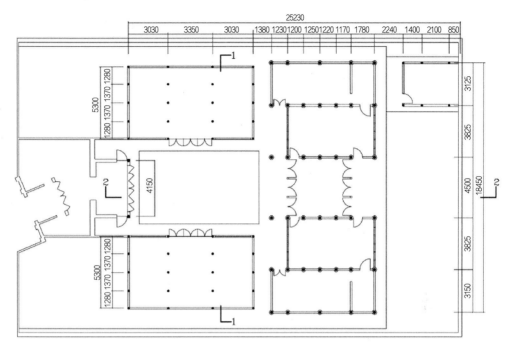

25230

| 3030 | 3350 | 3030 | 1380 | 1230 | 1200 | 1250 | 1220 | 1170 | 1780 | 2240 | 1400 | 2100 | 850 |

∧∧ 宽巷子 11 号平面图

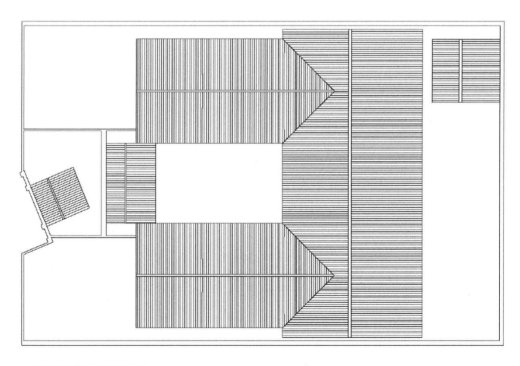

∧∧ 宽巷子 11 号屋顶平面图

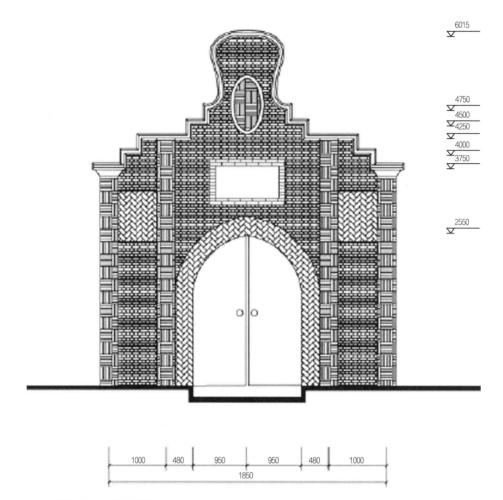

6015

4750
4500
4250
4000
3750

2550

1000 480 950 950 480 1000

1850

/ᐱ 宽巷子 11 号大门立面图

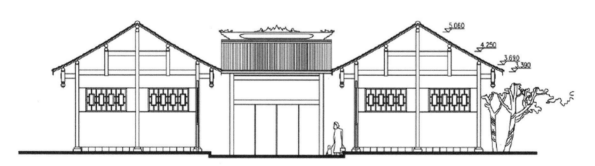

5.060

4.250

3.690
3.390

/ᐱ 宽巷子 11 号 1—1 剖面图

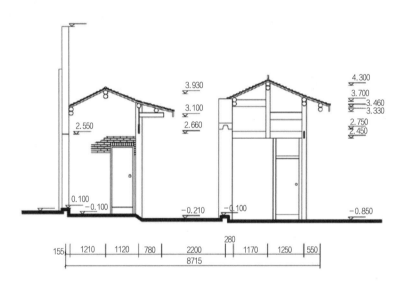

/⋀ 宽巷子 11 号 2—2 剖面图

/⋀ 宽巷子 11 号大门纵剖面图

陶。当时成都名画家如武瘦梅、赵蕴玉，甚至重庆的晏济元等经常在一起聚会切磋技艺，羊角更是从中得到不少教益。绘事渐进，理论积淀渐厚，自学成才已是必然。1994 年羊先生终受聘于四川音乐学院，教授"艺术概论"课程，从此步入高等学府殿堂至今。由于满蒙情结浓厚，崇尚传统文化，"文革"前羊先生还曾去北京拜谒过满族的侯宝林、老舍等前辈。

羊先生是 1984 年搬到宽巷子 11 号来的，此房本是妻子蒋仲云家私宅，羊先生结婚后也就随妻住在这里。妻子现到美国去了，懂日文，却在美国搞电脑研究。经历比较辉煌的是其丈母娘蒋达英，新中国成立前毕业于重庆川东师范学院，曾是国民党代表大会代表，和邓锡侯、胡兰畦等人物过从甚密。据说，新中国成立前这座庭院是刘文辉部队电台台长陈希和住宅，蒋介石也曾来过。但后来刘文辉、邓锡侯、潘文华三位将军起义，向解放军发去降电，是否由此室内发出就无法考证了。又，庭院更早是什么人住也无从知晓。反正，宽巷子11号从歪斜的青灰色大门开始就给路人留下难忘的印象，总觉得里面蕴藏着很多很多故事。故事主人公必然有相当的来头和不凡经历，里面也一定

↗ 11号二门

住着像电影里面的达官贵人，众多夫人小姐……

其实，经我们逐家逐院一番"解剖"之后，发现每一个庭院犹如社会的一个完整细胞，而且这个细胞就生命力而言亦不断新陈代谢，旧的住户去了，新的住户又来。从最早的八旗兵丁三开间住房到农民打工仔在院内搭建窝棚，这个建筑细胞臃肿庞杂近似恶瘤了。过去似乎显贵的门庭如今成为真正的"贫民窟"，里面一塌糊涂，一团混乱，一片狼藉。但我们没有理由去责怪他们，也用不着去分析造成现状的原因。在基本上是社会基层人生存的环境中，在历史文化保护区内，矛盾着的方方面面太多。但一想到我们的宗旨是保护它的历史和文化，我们一下就回到它开始和中期最好的方面和时期。于是我们又叩响了另一座庭院的大门。

土改干部宋云旭

宽巷子 29 号

　　宋云旭同志 1923 年 11 月出生在青神县瓮家乡，据宋老说他家早先也是当地望族，大户人家。家中房屋在当地相当有名，号称"宋砖房"。曾祖父当过文官，置办了一些家业，到祖父时就开始败落，所以土改时被评了个"中农"。不能小看这个成分，它直接影响到后代参加工作的可能性。所以，新中国成立初期，当宋云旭从眉山高中毕业后，1951 年很快就在青神县建设科找到了工作。当时的高中生不是一般的学历，是一个很叫得响的荣誉和实力称号，相当于现在的硕士研究生行情。紧接着他又工作调动到成都川西农业厅，想来高中生、中农成分、20 多岁正年轻的组合条件是往上调动的优势，也是当时省里按人事政策进干部优先考虑的。来到成都后，公家是没有宿舍安排的，全由自己去找（现在看来是一个非常好的政策）。宋云旭偶然找到在宽巷子住的包大娘，包说××院子是空着的（即现在的 29 号院），原是一个国民党飞行员的房子，飞行员的妻子叫雷佩玉。房子已经收归公有，由银行在管，现在清静得很。

　　宋云旭当初入住时，庭院是一个三合院格局，由八字砖砌大门进去是屏门（成都人有叫轿厅和下厅的，也有叫门厅的），和当时大多数临街居住的庭院一样，做法大同小异，是屏风、照壁同一功能的不同做法，但位置一样，都在大门的轴线上，距离视庭院大小、进深而定，长则四五米，短则二三米不等，是一个暂时停顿性的过渡空间，是传统垂花门的嬗变。但贵人来开中大门，一般人由左右进出的礼制路线发生了一些变化。有了屏风和照壁，则只有不分贵贱从侧门进出了。此做法除考虑风水外，主要有遮挡视线、阻挡风流的私密和保暖防寒作用。但 29 号当时仍保留着屏门。据说开的是四扇，中间还画了一个圆形图案，是"寿"字或"福"字，弄不清楚。若是屏风则必定是麒麟。这是清代成都民居的时尚。

　　宋老先生指给我看他租的那间大厅，起先我以为是堂屋间，结果是左厢房中间的一间。厢房若是三开间，中间一间尺度也可大于左右间，但尺度不能大于正房中间一间即堂屋的尺度。所以宋老先生说大厅，恐怕是尺度因素造成的

/↖ 站在 29 号大门前的土改干部宋云旭

/⋀ 宽巷子 29 号居民宋云旭（左）和儿子宋仲文

称法。

好景不长，四川当时"四个川"的行政合并即合省后，他就被分到温江专区双流县农业局工作，直至退休。房子没有退，却被人占去了。那是 1958 年的事。没有办法，他只有在屏门旁的过道搭建了一间 40 多平方米的房子，一家人挤在那里直到现在。大儿子宋仲文都 59 岁了。故城市老屋搭建史也是很曲折的。

回想起初进入庭院时，宋老仍是一番激动，两个厕所，粪水宝贵，有农民争着来掏，还要送些时鲜蔬菜作报酬。也有掏干粪挑到现体育场旁玉河边大粪交易所去卖的。看来农业时代环境自我净化能力很强就有此般道理。现在全用化肥，农家肥都流向河渠，则更加剧了水质的恶化。

宋老现在过得很自在，打打小麻将，逛逛街，身子骨挺硬朗，耳不聋，眼也就是正常老光。这是他的福分。非常正派的土改干部的修养和谈吐，无神论的率真见解，不管他人闲事，自己定位很准的川西老人，风度翩翩。这样的人摆在宽窄巷子任何一家，都像是主人。

日本外婆和她的庭院

宽巷子 31 号

　　刘彬贞女士今年已经 50 多岁了（生于 1944 年），有着四川城市女性的贤淑与干练，不时透露出对生活的不凡见解，让人感到她的经历中颇多曲折，并且使人感到一种过去时代成长起来的城市女性的成熟。若没有经受过坎坷的磨炼，漫长时间的捶打，则不会有这么沉稳的气质。刘女士和我摆谈她的老宅，总一往情深地提到她的外婆和外公。

　　她的外公刘善真，早年去日本早稻田大学攻读经济法律，在那里娶了一个日本姑娘，20 世纪 20 年代末回到成都后就在宽巷子买了一处房产，即现在的 31号庭院。庭院是前清一个八旗兵丁留下的，已破败不堪了，但基本格局还是遵循中国传统做法，三开间的木构老宅，低矮又狭窄。刘善真于是拆除老宅并在原屋基上重新建房：有轴线形成的对称房间布置，单数的五开间，中间一间还宽于左右次间和梢间（即末梢间——最边上的一间），正是堂屋所在。而梢间进深长于中间房间，长山的部分不仅形成了一个"凹"字形的堂屋前空间（即刘致平教授说的"抱厅"），而且在抱厅的两侧还各开了一道门。这就把简简单单的五开间住宅作了很合理的分配。还有更传统的做法是子女们进出就不走堂屋而可以由抱厅进自己的房间了。中间堂屋后面留了约二分之一的转堂屋而面对后院，同时做了很好看的冰裂纹窗。显而易见，刘先生虽在东洋研习数年，却没有抛弃传统的建筑文化。我相信那是一间小而精致的雅间，极有可能是过路房或茶室，并对其进行全木装修。那是有相当财力的人家的享受型住宅，对材料的苛求是一种全生态观念的物质化，里面极深地蕴含着对生存质量的理解。

　　民国时期房子外立面都比清代的高出许多。窗户开大了，装饰简略了，烦琐的窗饰图案中的动植物及"福""禄""寿""喜"等象征意义的东西没有了，代之以方格和不规则的冰裂纹图案，不少人还在窗的上部做些三角形。封建时代崩溃时，文化走向迷茫，一时把西方建筑符号硬搬来进行拼贴……当然，无意间又留下了时代的印记，留下了一段短短的时代音符，虽然听起来有些苦涩、有些拗口。

　　刘家庭院一共占地 700 多平方米，木构主宅仅 200 多平方米。除了后来不

/∧ 31号宅主刘彬贞和她丈夫董庆文在宅前合影

/∧ 一幅20世纪30年代初留下的老照片，中为日本外婆

∧∧ 宽巷子 31 号八字垂花门

∧∧ 转堂屋的装饰

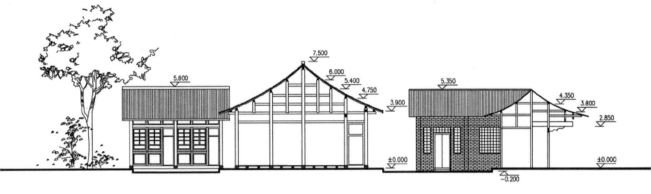

宽巷子 31 号 1—1 剖面图

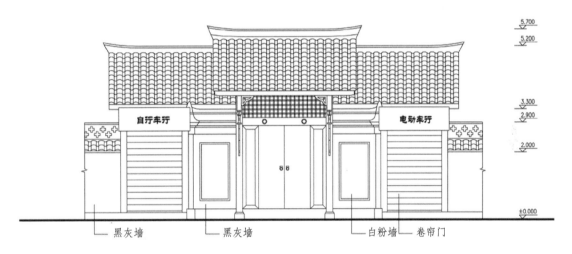

黑灰墙　　黑灰墙　　白粉墙　卷帘门

宽巷子 31 号大门立面图

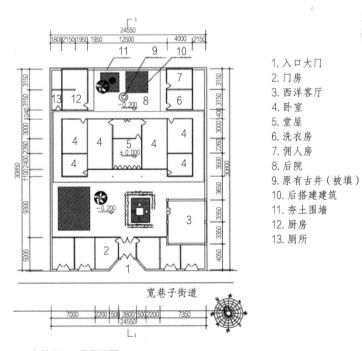

1. 入口大门
2. 门房
3. 西洋客厅
4. 卧室
5. 堂屋
6. 洗衣房
7. 佣人房
8. 后院
9. 原有古井（被填）
10. 后搭建筑
11. 夯土围墙
12. 厨房
13. 厕所

宽巷子街道

宽巷子 31 号平面图

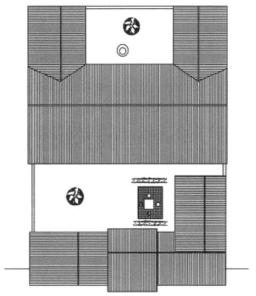

/⋀ 宽巷子 31 号屋顶平面图

/⋀ 宽巷子 31 号屋顶卫星图像

断搭建的房子，前庭种了好大一片竹子，竹子已成林，密不透风，煞是一派乡间味道。竹林里透出一间砖房，刘家叫它西式客厅，从建筑风格上看很不协调。刘彬贞女士说，那是为了纪念她大舅刘正雄，由外公刘善真和日本外婆专门修建的。在抗日战争时期，正就读于武汉大学的刘正雄不幸于川陕道上遭遇车祸，英年早逝，父母痛心疾首，于是在庭院中左处立一建筑，以资纪念。这些终没有影响到日本外婆对庭院"打扮"的热情。她和外公一起在后院打了一口井，饮用之外，还在井旁建了一个水塔，再把木头破开做了一段筒槽，一头接水塔，一头伸进偏房。那里是洗澡房，当时中国还不流行淋浴，他们就享受起成都平原优质地下水提供的淋浴了。不仅如此，她对庭院绿化更是情有独钟，法国葡萄、法国苹果、苍溪雪梨、桂花、红蜡梅、石榴、兰草……不一而足。整个庭院像一个植物园，处处绿影，处处祥光……时光荏苒，似乎当年喜爱栽种花木的遗风于此间因一个异国女性的聪慧而得到传承。

我们最后从庭院内部走出来，站在宽巷子街上反观 31 号刘家庭院的大门，那森严的黑灰色基调，高大尺度的空间比例，八字门墙的平面和神秘，风化的墙基石和石狮子，毋庸置疑，那是清代兵丁们留下的最后的脸面。奇怪的是，经过几百年的内部改造，好多户人家的大门都保留着这一份仅有的尊严，这一份真正属于清代的遗产。国人珍爱它，住在里面的日本人珍重它，除了建筑的魅力之外，还有些什么呢?

刘彬贞女士和她丈夫董庆文退休后仍住在五开间偏旁里。刘彬贞随母姓，母亲刘信蓉已不在世。现在庭院里住着好几家人，也搭建了不少房子，昔日庭院的辉煌已一去不复返，但它们仍是那样平静，好像一直萦绕着当年的气氛。

济民于世的周氏人家
宽巷子 33 号

宽巷子 29 号景阳冈酒铺子的宋仲文，今年 59 岁，谈起宽巷子邻里，仍一往情深地直呼 33 号的屋主为周爷爷。周爷爷叫周济民，是满城一带很有名气的中医，民国年间就住在 33 号这个院子。周老先生是宽巷子居民共有的情结，他的医术、儒学、道德从那个庭院里如幽兰般散发出阵阵馨香，隔了一个世纪，我这个川东人来到这里，仍感到沁人心脾的浓郁。好的音乐余音绕梁，三日不绝，高尚的人格人品影响深远，享誉四方的口碑传达出一种具有生命力的人文精神，好像庭院中郁郁葱葱的树木，绿得那样饱满，那样纯粹，那样感人肺腑。于是我感到中国里坊精神的博大深远。宋仲文说，少年时代，凡遇什么读不懂的句子、晦涩的生僻字词，只要找到周爷爷，他都能深入浅出，条分缕析，给你讲得清清楚楚。至于有个三病两痛，找他号个脉之类的，一般不会收钱。因此他是宽巷子声望最高、最受人尊敬的长者。

周老先生和妻子先后于 1970 年和 1985 年逝去。33 号庭院留给了儿子周毅强。周毅强今年 80 高龄，高高的个头，恐为宽巷子第一身高，红光满面，耳聪目明，行动敏捷，看不出一点老态。住在这间百年老屋里，照他说，甚感舒适，同时又是生命的寄托和支撑。

周毅强先生不能准确说出这间老屋改造的年代。他祖上从一姓宋的人家买来此屋时是抗战末期，周先生认为宋家改造此宅可能是在晚清。但从建筑做法

周毅强先生和夫人张淑娴女士生活在绿色环境中　　从二门进入庭院，就是曲径通幽的主宅

与风格上看，改造恐在民国初期。一共 5 个开间，宽 18.5 米，进深 8.5 米，约
150 多平方米的建筑。房子采用全木穿逗结构，用料不甚讲究，柱头直径不过
15 厘米左右，础石风化得厉害，杉木墙板染成赭红。门窗全无清代痕迹，没有
流行的装饰。尤其檐高比清代民居高出许多，因此中间堂屋采光很明亮。除堂
屋外，其他 4 间都铺有地楼板。最诱人之处在堂屋后有三分之一的空间作转堂
屋，和 31 号一样，但没有封闭，仅摆了一个长沙发，一旦坐下，则面对满目青
翠的爬山虎后院墙，清新可人之极。而前庭花园更大，种有蜡梅、棕榈、核桃
和一些说不出名字的灌木、花草。一条石板路从二门进来，"曲径通幽"这个
词立即从脑子里冒出。真乃别有洞天，静谧典雅的一方天地，不是当今的花园
别墅可以相提并论的。因人为材料塑造的空间总少些文化元素，故难营造与生
理肌理合拍的居住气氛。就是环境处理得再好，一旦有水泥、钢筋之类，美好
的情绪总要打些折扣。故古今中外的高人有不少顽固追求全木结构住宅，拿建
筑师的话说，那是一种奢华。周宅只占有庭院后大半部分，前面小半部分另外
住有人家，这算是整个宽窄巷子住家户最少的庭院之一，原因又要回到抗战时：

/⋀ 宽巷子 33 号屋顶卫星图像

从宋家买来此宅后，他们又重新整修一次，拆掉书房、左厢房，填水井，又把庭院隔成两半成上下两院。1958 年起国家开始经营出租，收了房子。至"文革"，更是产权全失，由房管所管理，只收钱，不维修。幸好无搭建，算是保留了一方净土。周先生说，房子一般得很，不过中下等，但以人为本，很透气。此说正中要害。至今，房子还是抗战时的老样子，很安静。虽然没有了曾经辉煌过的轿厅、门屏、书房、厢房等系列空间，也还过得去。

表面上看，这里一派祥和温馨，然与宅主深谈，方知宁静皆由喧嚣而来。

周先生从小没有上过私学，就在少城小学发蒙。说起儿时环境，当时到处都是菜园子，到处都是鸟鸣虫叫。抗战时从川大政治系毕业后，于 1946 年回到此宅，是时一直教书，追求进步，还被国民党传讯。新中国成立后去崇庆县仍教书，并任崇庆中学校长，后到人委会，又当副县长。改革开放时代到来，立即重登讲台，在成都师专做外语教授，一去 7 年。退休后仍不服老，又参加民盟的函授教育，直到 70 多岁才真正在这个庭院里安静下来。

人的一生，最可怕的事就是没有家，文学家把此比喻成浮云、浮萍。过去台湾川籍飞行员起义，回到四川，捧一捧泥土，一阵阵狂吻；见到分离几十年的老母老父，脑壳都叩出血来，大哭不止。大而言之，民族、国家是家，但总要具体落实到人与房屋上，于是房屋成为家的载体。周先生父亲以医道济世，他则以教育从心灵上健全后代，父子之途皆由庭院出发，又殊途同归，最后回到庭院之中。

/\ 宽巷子33号门墙

/\ 主宅一派民国民居风味

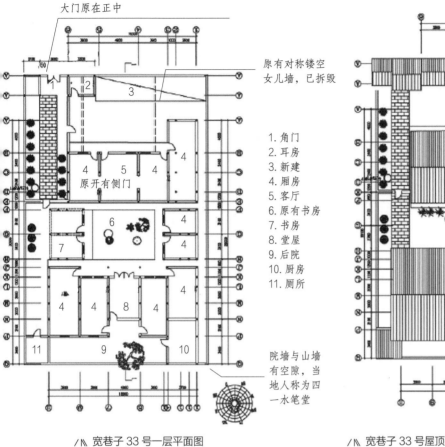

20世纪50年代改在侧面，并拆除了对称的厢房，大门原在正中

原有对称镂空女儿墙，已拆毁

原开有侧门

1. 角门
2. 耳房
3. 新建
4. 厢房
5. 客厅
6. 原有书房
7. 书房
8. 堂屋
9. 后院
10. 厨房
11. 厕所

院墙与山墙有空隙，当地人称为四一水笔堂

宽巷子33号一层平面图

宽巷子33号屋顶平面图

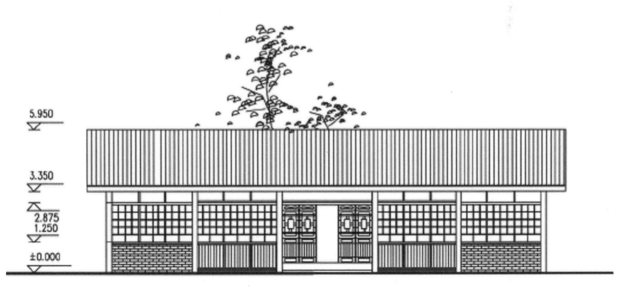

5.950

3.350

2.875
1.250

±0.000

宽巷子33号堂屋正立面图

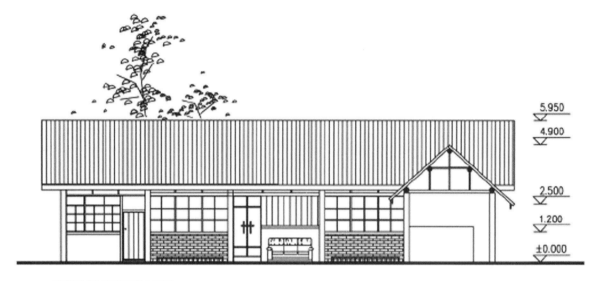

宽巷子 33 号堂屋背立面图

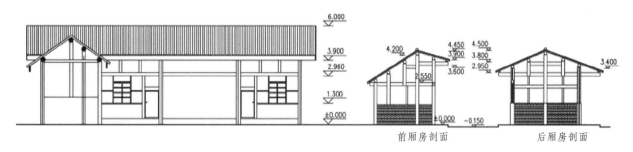

宽巷子 33 号过厅正立面图

宽巷子 33 号厢房剖面图

前厢房剖面   后厢房剖面

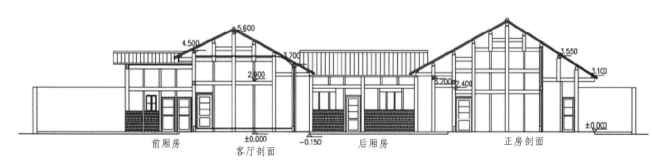

前厢房   客厅剖面   后厢房   正房剖面

宽巷子 33 号 1—1 剖面图

一生乡土情的刘昌诚教授

宽巷子 35 号

2003 年 1 月的一天，忽听成都市规划局的同志讲，刘昌诚去世了，是坐在椅子上抱着我们研究成都十大古镇的资料时仙去的，去得很安详……得此消息，我内心震动很大，还有一些自责，因为刘老是一个对传统建筑文化、对成都情感极深厚的长者，我们调研的成都周边古镇资料一下子摆在他面前，看到那些非常有价值的古镇正在消失，老人肯定很激动，是不是我们那些资料惹的祸呢？直到写这篇文章时，心中内疚依然，有一种负罪感。

老人住在宽巷子 35 号，那是一座优美而宁静的庭院。庭院大门是改造后的样子，虽不能和传统垂花门相比，但大门两侧深灰的围墙仍衬托出街巷的古雅。调研期间，看门老头说，那天刘老还在门口抚摸着大门本该刻楹联的位置说："如果两边写一对对联就好了。"仅过一会儿，刘老自言自语说有些不舒服，回到家中不久，外面就听到他去世的消息。他走得好洒脱，丝毫没有给人带来麻烦，这同样使我惊讶，心中默默祈祷：善始善终者，必然生前有善思善举，一国一民族的文化自祖宗数千年积淀于此，是不可亵渎的，维护其优秀者，是正义的，正义者有善报。

刘老 1920 年 5 月生，1943 年 7 月从国立中央大学建筑工程系毕业，学的是建筑学。回成都后，一直从事工程设计和教学工作。工程单位有蜀华工程公司、基泰工程公司等。1945 年到 1952 年在四川省立艺专（后改名成都艺专）建筑科任教。时已是副教授。到 1952 年 10 月，先生调到市建委，旋即到规划局，从事城市规划的研究和设计，直到 1989 年从总工程师、副局长的位置上退下来。这里笔者说到官位时，丝毫没有把先生当官员的意思，而是当成老师和朋友。在和先生交往中，我凡一开口便是祖国、四川、成都城镇、古建筑、老街坊、民居这些很容易让我们共同兴奋的字眼。当然，结果都是一声唏嘘，一声长叹，一片茫然。

这是一个敏感而沉重的话题，说到我们民族几千年创造的建筑和文化，一方面老而朽的材料承托不起亿万人急于改变生存和居住条件的强烈愿望，另一

/⋀ 刘昌诚先生（左一）和夫人（右）

/⋀ 刘老（右二）及其夫人（右一）和拜访的外国学者留影

方面作为一笔巨大的物质与精神遗产，我们眼巴巴地看到它们在我们这代人手上消失。这是一个现实和历史的十字路口，不知多少良知者的灵魂在这里徘徊。于是我们看到先生1984年负责成都著名的琴台路的规划时，力图在两难中找到一个契合点，一个希图搭建从历史走向现代、抚慰社会及心灵的桥梁。此可能是先生在一生的设计与规划中，理想和现实碰撞得最惬意之作，当人们在琴台路古风飘荡的通衢上漫步时，曾想到否，它的发端正是先生的力倡和实践？此仅为规划中的小品，更多更雄浑的是诸如1954年的成都总体规划、1984年的成都总体规划这样畅想成都美好未来的大手笔。至于主持都江堰、青城山风景名胜区规划，东郊工人居住区规划，后子门、骡马市干道广场规划等等，则处处可见先生驾轻就熟的规划设计本领。

凡此等规划设计都离不开内功修养，要害在对理论的探索和研究，我在刘老女儿刘泳红女士那里收集到先生部分文章，都是围绕成都保护发展展开的思考，不少直接针对少城和宽巷子街段，下面列举部分文章题目：

《从成都市住宅街坊探讨住宅小区的规划组织与规模》（1962.10）

《成都地区规划结构初探》（1980.10）

《城市规划与建设还须体现精神文明——对成都城市规划建设的一点回顾》（1981.11）

《成都城市发展的几个原则问题》（1982.5）

《有关成都古城保护与规划建设的几个问题》（1982.12）

《继承旧城用地布局特点，适应就业新方向》（1983.5）

《琴台路仿川西民间建筑的规划设计实践与探索》（1984）

《从成都市东西干道的建设看城市干道规划与管理》（1986.8）

《保护与继承成都古城风貌的探索》（1986.8）

以上文章在成都古往今来的历史文化脉搏上跳动，这不是一个普通市民对成都历史文化名城保护发展的心血来潮，偶尔的感慨和议论。他是成都最早的专业规划师、建筑师，这些文章是对民族城市文化遗产保护和利用的综合前瞻性理论探索。这种探索站得很高，看得很远，同时又以成都为依托，贴得很近，就事抒发。宏观者就成都地区周边县区纳入整体的规划结构进行探索；中观者直述成都城市发展的要害和原则，古城保护与规划建设，古城风貌保护与继承，并创新性地提出城市规划和精神文明的关系；微观者涉及住宅小区与传统街坊、规划与就业、道路规划建设与管理，最后落实到诸如琴台路等具体的规划设计实践上。这是一个规划师非常清晰的思维结构特征和框架，也是一个规划师专业发展的必由之路，更是一个优秀规划师血肉丰满的从业形象。

这里，我们无法引述众多文章里的内容，还是让我们回到宽窄巷子。刘老在《城市规划与建设还须体现精神文明》一文中谈道："清代修建的少城，仿照北京的胡同住宅区，将为生活服务的店铺放在胡同的两端，既方便了居民日常生活，又保证胡同内的安静。这种按用地功能划分的办法不是到现在还值得参考吗？"先生又说："这些四合院内还是花木成荫、清风满庭的，当时还能在城里看见老树昏鸦、春燕衔泥的情景。这种恬静的居住环境至今仍然留在老一代的成都居民的记忆中。"谈到激动时，老人说："有人认为外国城市现在如何进步，成都这个破烂城市没有什么可取之处。这只是看到物质技术的进步而忽视了城市的历史传统。城市的历史传统与各国各族人民的历史传统一致，是人适应自然环境与社会发展要求，为生存或为生活更美好所作的各种斗争的经验，包括建设城市的经验的积累。"此绝不是情绪化随便说一说，他高度概括了现代城市规划必须注意的保护和发展这两个侧面，抛弃任何一面皆不成真正的规划，尤其是作为全国性质的历史文化名城。

刘老在文章中常引用唐诗说成都风光，因本文不是对他的学术进行研究的文章，仅采撷点滴以飨读者，顺便也以他文章中引用的一首杜诗来结束本文："澄江平少岸，幽树晚多花。细雨鱼儿出，微风燕子斜。"今天，因规划先辈们的努力，成都才显得更加美好。

∧ 刘老（中）和青城山道士合影

/⋀ 爬山虎从檐上垂下

/⋀ 宽巷子35号仿古大门

访艺术家李华生

窄巷子 40 号附 3 号

　　李华生为国内著名山水画家，今住窄巷子 40 号附 3 号。先生一生追求画风多变，追求艺术创新，是一个不满"现状"，敢于大破大立，勇往直前，忘记过去，另辟蹊径，不守陈规，披荆斩棘的大家，一个深谙艺术规律的真正艺术家。

　　2002 年中国成都绘画双年展上，李先生展出满纸大小方格组合的画面，令画界大吃一惊，时隔一年，画展上那些各种各样的艺术和五彩斑斓的内容消失得无影无踪，唯独先生在宣纸上建构的方格世界久久没有消失。画家通过作品让人记住他的画和内容。艺术家通过画让人记住他这个人。

　　早就听建筑界、规划界的朋友谈到李先生的住宅是自己设计，自己找农村匠人施工的妙作，且众口一词说"不错"，吊足了我的胃口。2003 年 2 月，我带领研究生开始对宽巷子窄巷子历史文化保护区保护规划进行前期调查研究，终于有机会一探李宅之妙。

四川音乐学院美术教授羊角先生住在宽巷子11号，一个20多年的老住户，和李先生亦算近邻，对宽巷子、窄巷子轶闻趣事了如指掌，同时也是大隐于市的高士，和李华生也是老朋友。在古道热肠的羊角先生亲自联系和带领下，我们两次拜访了李先生和他的住宅。

窄巷子和宽巷子为东西向平行街道，在窄巷子西段40号的一个砖砌仿西式门前，羊角教授淡淡地说"到了"。从宽不过1米的狭窄的大门进去，经过一段七八米长的幽暗的小巷，又是一道紧闭木门，羊教授又是敲门，又是打手机。门终于启动，哟！映入眼帘的是百草园里书屋般的庭院花园，一个草木任其生长的小天井。我也是个随意、大大咧咧的人，素来追求流畅自然，很看得惯这般景象。而李先生白皙的脸庞，一头青丝，后脑勺扎个小鬏鬏，坦然潇洒！在宽大空敞的圆领羊毛衫衬托下，站在那石板缝中的野草、闲竹、藤蔓、小叶红枫、大卵石、两段横竖的乌木……异常和谐，唯嫌一张圆瓷桌、几个瓷鼓凳的商业气息和市井气浓重些……先生似乎注意到了，正叫匠人搬走。

先生家没有专门的客厅，我们的谈话在厨房进行。那里摆了一张权当接待用的餐桌，和整幢建筑一样，全木结构。仅五六平方米的空间，还用小圆木分割组合成各式各样的小空间，有橱柜、木架等，是一种特殊的城市人对乡间文化理解后的提炼，是由粗犷构成的文化原生态，加上灯光的昏黄，顿时使我想起如豆般的桐油灯……我送了一本新近出版的《季富政乡土建筑钢笔画》给他，先生便从画开始谈起，他说如采用毛笔在宣纸上画乡土建筑，也像画册中钢笔画的细密手法，是"出得来的"，意思是能成气候，有所成就的。当然，他是从纯艺术的角度在论画。

这次拜访太唐突和短暂，因他行将起程去北京开画展，我们相约半月后再见。

后来，又是羊角先生联系带路，我们一行五六人又来到先生家，相约时间为一小时。一群工人正在小庭院中修理花木，一派农村院子大伙帮忙过节日的场景，很是热闹。先生在调整物件摆放的位置，把花盆和草木搬来搬去。为了不打扰先生摆弄花草的兴致，同学们开始测绘房子，我也指挥着他们在房子里进进出出，时而楼上，时而楼下，这一次，算是每一个角落都跑遍了……

空间之谜，无论东西方，首为文化，但建筑必以其功能来有机诠释文化，文化才能在空间中熨帖得天衣无缝。画家之室，仅一张画桌足矣，宽大的房间，虽然也不显得突兀，但损害了它和画的内在关系。先生职业为画家，视画室空间为绘画思维的一部分，必有个性强烈的独到理解的空间特征，作为与传统文化属同一营垒的建筑，他操持的国画亦必定是传统的民居、传统的材料、传统的格局共营共造起来的空间氛围。如若舍此而在现代水泥房子内画国画，在以点、线为造型基础的形式因素中，四壁光亮雪白的墙面和直线形成的六大块面就显得很平淡，当中无任何媒介因素可诱发艺术家的想象。先生所营造的空间，本质上是国画创作的佳境。任何艺术形式，艺术家首要者必顽强追求和营建完全属于自己的创作氛围和个性强烈的时间与空间形态，以及不被其他个性感染的小天地。一国之艺术，若全部似曾相识，则已到绝境，亦如现在万千城镇一个样，则建筑毫无艺术可言。

李氏住宅不过 200 平方米，外观似乎不起眼，小青瓦、木格窗、木柱砖墙，初看一般得很，但进到室内则有豁然开朗之感，完全沉浸在传统民居文化的氛围中。画室占据着堂屋位置，那里是传统轴线上的祖堂之位，似乎使人联想到主人视绘画为至尊，形同香火祖堂般神圣。一张画桌长 3.5 米、宽 2.5 米，足有 8.75 平方米，是一个圆木为脚、厚木板为桌面的舞台般的"大案"。一只猫守在上面盯着铺在上面没画完的宣纸。画案下方，还别出心裁地把地面降低了 30 厘米并形成一个旱池，这就是我们常说的功能造成的空间现象，因为他画画，要经常站远一点来把握画面整体。但仅 30 厘米，四周之高是不足以全其高远的，于是在形同次间的地方开始置楼梯，并于转折处设平台，平台高出地面仅 2 米，正是较为全面地观察画面的位置和角度，但还是不够，楼梯继续向上，再转折架一空中走廊横跨"堂屋"之上，此处加人高至少 5 米。这就形成了 30 厘米—2 米—5 米三个观察画面的不同高度。而此一路线又是进入主人夹层卧室的路线，其间又有 4 平方米左右的转折平台，这里又有衣帽间，又空中走廊。整个楼道工艺和用料追求原生状态和木质本色，空间自然出现既跌宕起伏又丰富奢华的气象。加之画室所处的底层隔断几乎都打通了，只留下木柱，于是柱网形成景观，使得传统空间因封闭造成的阴霾一扫而尽，光线从四面都可进入，

⁄⚘ 艺术家李华生，窄巷子 40 号附 3 号宅主

⁄⚘ 梳理出一个地道的乡间庭院

/⋀ 屋内构思全是"圈圈"的画面

/⋀ 画室

/⋀ 楼道转折处平台

/⋀ 浴室

处处明朗清晰中，恰如空间通过结构又塑造出扑朔迷离。地面起起伏伏，时而木板，时而水磨石，时而青石板。楼道起起伏伏，不到 15 米的长度中有走廊、楼梯、平台，最后进入楼上夹层卧室。简简单单，一张床也放在一个错层上面，而室内全木淡黄色调里，连洗澡的椭圆桶、厕所蹲位亦全是清一色木作，且放在低约 80 厘米的"沟槽"中，于是又在卧室掀起一轮起伏不平的空间波浪。这些高低错落的线条与转折，室内屋顶露出的椽子、瓦行以及屋顶斜面的韵味，使整个室内空间呈现出动感十足的情调，彰显出一个艺术家的匠心，那些看似纷乱的结构关系，正是艺术家理念的对应和写照。兴许正是这些长长短短的线段不时拨弄着艺术家的灵感，启迪着艺术家画风的裂变。

据先生讲：多年前从别人手上买过此宅，已经过五次改造，改一次画风变一次，直到现在。现状正对应着"方格子"组构的画面，前后历练了 10 多年。

任何艺术形式，本质皆相通，所以我们才把建筑比喻成凝固的诗和音乐，它更和绘画有着血缘关系，不过在情、理的比重上作了重新分配，要把这种比重恰到好处地放在思维的天

/⼘ 楼道

/⼘ 厨房

/⼘ 卧室

/⼘ 窄巷子 40 号附 3 号屋顶卫星图像

平上，那又是一件很不容易的事情。科技再发达，不能取代文化。机器人的硬伤就是体内没有血液，高科技人才更不是机器人，所以，到宽巷子、窄巷子来缅怀的多是中外的科技学人，亦正是在追求情与理的平衡。

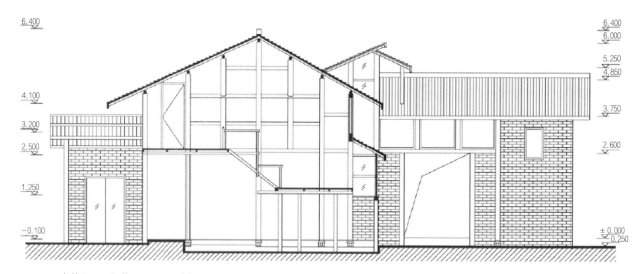

6.400

4.100

3.200

2.500

1.250

-0.100

6.400
6.000

5.250
4.850

3.750

2.600

±0.000
0.250

窄巷子 40 号附 3 号 A—A 剖面图

6.400

4.100

3.200

2.500

1.250

-0.250   -0.100

6.400

6.000

5.250
4.850

3.750

2.600

±0.000
-0.250

窄巷子 40 号附 3 号 B—B 剖面图

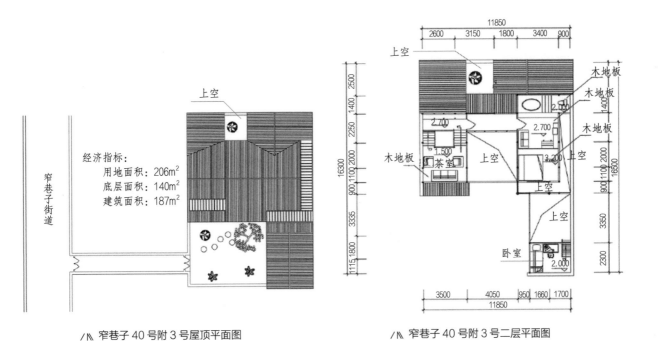

窄巷子街道

上空

经济指标：
用地面积：206m²
底层面积：140m²
建筑面积：187m²

↗ 窄巷子 40 号附 3 号屋顶平面图

上空

木地板
木地板
木地板

木地板
茶室
2.700
2.700
上空
上空
1.500
3.200

上空

上空

卧室
2.000

↗ 窄巷子 40 号附 3 号二层平面图

窄巷子街道

木地板

地砖
卫生间 -0.200
天井 -0.250
-0.050

盥洗间
-0.150
0.100
木地板

-0.350
± 0.000
红砖铺地

-0.450
-0.100

地砖
工作台

木地板

-0.250

↗ 窄巷子 40 号附 3 号一层平面图

宽巷子喝茶

宽巷子 27 号

　　无论冬夏，宽巷子宜人亲切的街道总把茶客吸引到街檐边来喝茶。这种介于室内和"坝坝茶"之间的空间，本为成都人一大嗜好，后来整治街道，它有了专有名称叫"占道经营"。再后来柏油街道加宽，街檐萎缩，车辆奔驰，就是想在街边喝茶也不可能了。不考虑人的感受的街道改造，漠视以人为本的街道尺度，使更多的人发现成都所剩无几的宽巷子、窄巷子居然还保留着浓郁的人文色彩和旧城亲情。于是如发古之幽情者常来这里聚会，高品位的知识男女来此点清茶一碗以叙情，个中以平淡至上为高雅。寻求一方空间庇护或衬托，附庸者少，真情者多，再高的身份进来即如一介百姓。觉得自己了不起，和神仙已经不远者想来浸染一下市井俗气，多匆匆而过，或怕别人看见有失身份，或怕别人知道他有钱后不安全。这使人想起电视剧《书香门第》中，教授常去下等酒馆和一帮邻里喝酒，畅谈无忌，嬉笑神侃，简直沉入市井谷底，物我两忘。可能季羡林现在还穿着蓝涤卡中山服在中国绝对一流的大学讲堂上授课，下面坐满世界发达国家的青年，教室内决然一派祥和。钱钟书生前的音像几乎罕见，想来他不过觉得自己一介村夫而已。

　　宽巷子 27 号宅主孙平国今年 53 岁了，当了几年知青下来，终于在沙发篷垫修造厂找到一个工作。好景不长，1995 年厂子倒闭，被迫下岗，幸亏他 1991 年在宽巷子一姓兰的人手中买下了这间临街房子，算是有个依靠。1996 年便开了这间茶铺，取名"永兴茶馆"，一家 3 口，藉此为生。在我看来，他的平淡，殊途同归于教授们，懂不起夸张、炒作。茶客说，把桌子搬到树脚备课，搬到对面街檐下也可，一个人占一张桌子，要在上面写点东西，泡上一天也随意，由你。茶冷了问你是否想喝点烫的；下雨了，赶忙帮你收拾东西搬进室内。树荫随着太阳走，茶桌跟在树荫中……全是喝茶中的小事，个中没有任何谋算，茶钱仅一元，成都真正的最低价，真正像一匹树叶般平贱。街檐边光线明朗又有些柔和，难怪室内桌椅形同虚设，根本没几人在里面喝茶，全都拥上街檐。更有甚者，老街厕所在街道端头，方便一下要走很远，茶水喝多了自然小便多，

/Λ "永兴茶馆"的老板孙平国和他爱人

凡此类事，一问，他就说就在家中也有厕所，进去就是，灯开关就在门口。

于是我想，这样的平淡气氛何以不在洋楼大街上产生？它和老街究竟有什么关系？最终只有在街道尺度上找答案。

宽巷子、窄巷子之类成都老街，街道宽一般也只有4米左右，房高不过5~8米，两者之比不过1∶2或1∶1.25。这种比例很接近黄金分割率，是一个非常富于人情味的宜人比例。如果把高、宽比例扩大，则两边是高楼，中间是小巷，人走进去显然有压抑、紧迫、急促之感。巷子一长，夜来治安事件往往就在里面发生。相反，街道过宽，两旁建筑过矮，又有空荡、无着落、无依靠之感。那又是一种苍白性暂时缺血的生理失衡，总不是滋味。人也是需要恰当的空间高宽比来生存的，久而久之它就会影响到人们的生理尺度感觉，或曰形成一种尺度审美标准。稍有变动，人就感到不是那么回事。亦如现代水泥仿古建筑，总是没有做像，还是因为他们缺乏对尺度的研究。街道也是一样，人们喝茶往街边上走，就是想获得一种最佳生理平衡及最佳空间审美尺度的回味和享受，是尺度美的深层原因。

孙平国开茶馆，仅在临街自家住宅破墙开店，是家与店铺合二为一的传统谋生形式，没有大型茶馆配套齐全的设施。加之街檐较宽，又有绿化，随意到极致。这也是一种尺度——宽松的、不张扬的、和谐宜人的、没有思想负担的社会判断尺度。这种通过建筑和环境营造的茶馆气氛最宜人，最吸引人。喝茶本是休闲事，不能过多地以什么尺度去规范它，茶客想怎么着，就让他怎么着。

支矶石庙和它的邻居毛大姐

下同仁路 55 号

成都画院门口有两株巨大的银杏树，大得可以招惹天庭了，胸径至少 50 厘米，树龄也在 200 年以上，有一年（大约 1994 年）冬天，我爬上画院对面居民楼 6 层上的屋顶拍照，两株银杏树密密麻麻的树枝如罗网般把画院的建筑封得严严实实。我拍到的庭院轮廓一点也不清楚，虽余晖中显出了模模糊糊的金黄，心境反倒有些苍凉。我想是银杏树巨大，树枝太多的原因，或许有意造成迷魂阵，让人得不到要领。下楼后，贴近大树再看，又感到有些迷惑：两株银杏距画院大门这样近，一般而言，古人在大门外栽树是充分考虑到树长大后和建筑的适宜尺度的，更奇怪的是，成都画院是民居，又是从别处迁来不久的，怎么会在很短的时间长出只有在宫观寺庙前才可能出现的两株大树呢？

下同仁路 55 号毛大姐 1994 年就在那里居住，和成都画院斜对着，一个小歇山顶的龙门正对着宽巷子，按住宅大门选址之理，大门正对街巷有些忌讳，客观上街巷如风巷，东北方的风容易向门内劲吹，造成庭院内多风寒，对人的身体不利。如今下同仁路扩宽要拆除她家住宅，毛大姐一脸依依不舍又无可奈何的神情，犹如已经拆除部分的民居的颓伤之貌。她向我描述了 55 号的来历。

毛大姐也是从另外一个人手中买来此宅的，时间是 1994 年，其中一半是用房子置换的。据前房主说此宅是国民党时期大邑县郝县长在成都的私宅，郝县长有三个老婆，一个老婆一个小院，三院从刚才说的龙门进出，然后一巷串通三个老婆的小院门。毛大姐所住的房正是其中一个小院，有 200 多平方米。她说小院还有一个几平方米的地下室，是郝县长放鸦片的库房，鸦片要存放在潮

/∧ 很有阿庆嫂气质的毛大姐

湿的地方才能保持滋润。

这就是下同仁路55号的过去，它因道路拓宽很快消失。现在剩下的小院，柱网构成的木柱框架内仍然在卖茶水和放电视，大门上红布横幅仍是那样耀眼，舍不得取下"简阳羊肉火锅"招牌，小院内光线充足，打扫得干干净净，全然没有因要拆迁而马上成一堆废墟的惊恐，并和外面拆除建筑的狼藉形成鲜明对比。尤其是狭长的天井和上空，让我感到熊县长有祖籍陕西之嫌，在住宅的空间塑造上有一番恋祖情结，那就是把原陕西合院天井狭长的特点再于此时重新复制过来。这种判断，笔者似乎比较坚信，凡此类成都城乡合院做法，笔者这20年调查研究所见者，还没有出现差错。

毛大姐在交谈中无意间说到支矶石庙就在隔壁。她兴奋地说，支矶石庙正在拆除，她收藏了庙里的一些雕刻，想请我去看一看，因东西放在另一处，要从成都画院门口过，她指着画院正对面的破败房子说："这就是支矶石庙的大门。"抬头看上面，莲花瓣的垂柱和雕刻极精美的挑枋、撑拱尚在，虽然陷了一半在搭建的泥壁里，仍然掩饰不住清代建筑市场雕工及细木作的灿烂，亦透露

/∥ 开茶馆，盼兴旺，江湖义气第一桩，庭院布置很大方。改造后的厢房很快因拓宽道路拆除

出建筑市场各工种竞争激烈的隐情……正在沉湎于对历史文化的遐想中，转身正对成都画院大门，发现大门全被两株大银杏树笼罩，大树以其粗壮的树干直逼眼睛，似乎有话要说：对了！两株银杏树在寻找主人，而画院大门又和支矶石庙大门在同一轴线上，不过中间隔了一条同仁街马路，加之画院在树下铺了几步石梯，把大树归属作了空间限定，全然感觉它是整个画院的一部分，真可谓以假乱真到了极致，实在是太聪明。不过终有疏忽，露出破绽，正如前述。画院在搬迁重建过程中，还有更聪明之处，就是把大门歪斜，正对大树，更加刻意地暗含了大树的归属，加之距画院大门更近，又有马路隔开，于是银杏树天然是成都画院的了。不过这般移花接木做得甚是高明，值得赞扬的是还无形中保护了两株价值连城的银杏树。

银杏与支矶石庙大门距离 8.25 米，正合 2 丈 5 尺市制。怎么会有"5"的尾数呢？原来支矶石庙前身为关圣庙。关公为中国正义、勇武之神，又是武将出身，以"5"谐"武"，正是我国传统建筑在尺度上特别讲究的地方。而民居就不能用 5 的尾数了，且特别忌讳。难道居家之宅是用来打仗打架的地方吗？所以民居各部做法多 6、8、9 的尾数，企盼的是"顺""发""久"这样的结局。当然，那又是一个建筑尺度的大迷宫了。

成都蒙满人物一览

姓名	旗分、民族	功名、事迹
荣桓	正蓝旗、满族	举人，历任知县、州官、府官，一生为官正直
奎荣	正红旗、蒙古族	进士，做过儿任县官，书法家，尤擅钟鼎文
哲克登额	镶蓝旗、蒙古族	拔贡，光绪丁酉科举人，癸卯进士。为300年满城仅有进士
荣安	正蓝旗、满族	举人，省咨议局议员，辛亥革命时汉旗对立，挺身而出化解危难，和平解决，万千生灵免遭涂炭
关润臣	正白旗、蒙古族	清末成都著名馆子正兴园老板，古玩收藏家
穆特恩	正黄旗、满族	文章秀才，民初任少城小学教员，花木种植专家
五老师	镶白旗、蒙古族	神箭手，射箭时需手颤抖不停，否则无法射中
郭师	正白旗、满族	拳术家，可一餐吃一个猪头，吃面一次数斤
安明山	镶蓝旗、满族	拳术家，拳德高尚
开长斋	旗甲不详	拳术家，精于骨伤科
春三爷	正红旗、蒙古族	八旗300年拳术第一人，拳德高尚

姓名	旗分、民族	功名、事迹
景星	正红旗，蒙古族	武举，探花
刘瓣臣	镶红旗，蒙古族	教师，成都西城区满蒙委员会主任
杜子明	镶黄旗，蒙古族	骨伤科专家，政协全国委员
吴士安	镶白旗，满族	四川大学教授
周名超	正蓝旗，满族	演老生，戏剧家
育子林	镶白旗，满族	武术演说家
白超脱	正蓝旗，满族	评书演说家
戴善堂	正白旗，满族	名医，长于疟疾、喉症、痈疽方
金融	正蓝旗，满族	书法家，正草篆隶均绝，又是金石家
X宪之	正白旗，满州族	名教师，长于国文、音乐课，又精于医道
何仁甫	镶兰旗，三甲，蒙古族	骨科名医

成都少城文化名人故居录（不完全）

姓名	成就及名望	地址
周恩来（1898—1976）	中华人民共和国总理	祠堂街 88 号（原《新华日报》川西北总分销处）
吴玉章（1878—1966）	早期同盟会会员，延安大学、中国人民大学校长，中央人民政府委员	娘娘庙街（现商业后街）
杨闇公（1898—1927）	中共四川地方组织早期领导人	娘娘庙街（现商业后街）
李硕勋（1903—1931）	中共早期烈士	西胜街
车耀先（1894—1946）	中共四川地下党负责人烈士	祠堂街（于此开"努力餐"）
巴金（1904—2005）	著名作家	东马棚街（巴老 1923 年前在此）
李劼人（1891—1962）	著名作家	桂花巷（又东胜街 29 号）
海明威（1899—1961）	美国著名作家，1954 年诺贝尔文学奖得主	商业街
阳翰笙（1902—1993）	著名剧作家	西胜街
叶圣陶（1894—1988）	著名作家，教育部原部长	祠堂街 96 号
沙汀（1904—1992）	著名作家	祠堂街

姓名	成就及名望	地址
周太玄（1895—1968）	著名生物学家，教育家，诗人	西大街
雷履平（1911—1985）	成都华阳县教师，四川师范大学中文系教授	上同仁路
杨佑之（1893—1971）	著名会计学专家	吉祥街
庞石帚（1895—1968）	四川大学、华西大学文学院著名教授	斌升街
赵少成（1804—1966）	中央大学、四川大学教授，著名文字学专家	将军街 40 号
张怡荪（1893—1983）	四川大学中文系教授，主编《藏汉大辞典》	焦家巷 36 号
李培甫（1885—1975）	四川大学、华西大学中文系教授，系主任	焦家巷
吴君毅（1886—1961）	原老成都大学教务长，四川大学法学院院长	奎星街
张铮（1883—1936）	主持国立成都师范大学、国立成都大学、公立四川大学合并为国立四川大学	栅子街
郭君恕（1913—1998）	四川师范大学中文系教授	宽巷子
陶亮生（1900—1984）	四川大学著名教授，原西康省政府秘书长	实业街
刘子华（1901—1992）	著名天文学家，易学专家，最早（20 世纪 40 年代）发现木王星	槐树街

姓名	成就及名望	地址
吴照华（1892—1978）	原树德中学校长，著名教育家	东胜街 23 号
李宗吾（1879—1943）	《厚黑学》作者	东胜街 37 号
周岸登（1878—1942）	四川大学、厦门大学、重庆大学中文系主任及教授，著名词人	东胜街
吴虞（1872—1949）	著名学者，北大教授	栅子街 50 号
曾孝谷（1873—1937）	著名话剧运动家	小通巷
向宗鲁（1895—1941）	四川大学中文系教授	槐树街 32 号
黄稚荃（1908—1993）	著名诗人，书法家，教授	娘娘庙街（现商业后街）
余英（1898—1982）	原成都市市长，著名书法家	井巷子
吴一峰（1907—1998）	著名画家	桂花巷
张采芹（1901—1981）	著名画家	支矶石街
谢无量（1884—1964）	四川大学、中国人民大学教授，书法家	祠堂街，东胜街
杜柴扉（1865—1929）	早期同盟会会员，光绪年间进士，著名书法家	小南街北口

姓名	成就及名望	地址
陈子庄（1913—1976）	著名画家	仁厚街
郑伯英	著名装裱店"诗婢家"创办者	仁厚街
赵蕴玉（1916—2003）	著名画家，创"赵派"	斌升街
叶心清（1909—1960）	针灸名家，为国家老人及外国友人治病之专家	包家巷54号
赵伯钧	著名儿科专家，原甫登纪念医院院长	东胜街26号（原"采仁医院"）
杜自明（1877—1961）	著名骨科专家	柿子巷10号
何任甫（1895—1969）	著名骨科专家	柿子巷
罗品三	名中医	支矶石街（夫妻于此开办诊所）
张先识	名中医	支矶石街（于此设"汲古医学社"）
陈序宾（1889—1983）	著名儿科专家	将军街（设"序宾医院"）
阳友鹤（1913—1984）	著名川剧表演艺术家	西二道街
篮桥生	著名古琴艺术家	支矶石街

姓名	成就及名望	地址
黄静宁（1875—1941）	著名厨艺大师	包家巷（于此设"姑姑筵"）
周少稷（？—2002）	著名评书艺人，李伯清的老师	祠堂街
刘湘（1890—1938）	著名抗日爱国将领	多子巷
刘文辉（1895—1976）	著名爱国将领	宽巷子
李家钰（1890—1994）	著名爱国抗日将领	方池街
邓锡侯（1889—1964）	著名爱国抗日将领	柿子巷
孙震（1892—1985）	抗日将领，创办"树德中学"，其侄儿孙元良为电影明星秦汉之父	八宝街
戴季陶（1891—1949）	民国国史馆馆长	吉祥街
李炳英	四川大学中文系主任	槐树街 32 号
哲克登额（蒙古族）（1855—1940）	48 岁考上进士，为蓉城旗人中唯一进士	方池街

宽、窄巷子历史文化保护区水泥仿古建筑统计表

位置	单位	占地/平方米	备注
宽巷子 1 号后院	食品公司宿舍	112.7	红砖墙体 3 层
宽巷子 5 号前店	居民改建住宅	75	2 层
宽巷子 20 号	市农机局宿舍	281	4 层
宽巷子 26 号—48 号	私企、市房管局、旅馆等	7000	2—3 层
宽巷子 27 号	龙堂旅栈	650	3 层
宽巷子 35 号	市规划局宿舍	656	3 层
窄巷子 22 号	市文联（加宽巷子八旗茶苑）	900	3 层
窄巷子 28 号	省职工社保局	880	2—3 层
窄巷子 29 号	解放军三五六五后勤工厂	1125	3 层
窄巷子 41—51	41—43 住宅、45 茶楼、47—51（含下同仁街 36 号）	2437.5	多层
（另）窄巷子 16 号空地	解放军 38 分队停车场	61.8	空地

第五章

成都市井最后记忆
——大慈寺片区式微

经文献、典籍、资料查阅考证，以及现场踏勘、测绘、走访，大慈寺历史文化保护区形态逐渐清晰，值此片区式微之际，2001年冬至2002年春，我们一帮师生数月沉浸在市井文化的熏陶中，把大慈寺片区市街的一些资料，一些值得记忆的历史文化点滴，在这里奉献给读者。

保护区范围

保护区位于城区东南部，1981年成都市人民政府公布大慈寺周围80米内为文物保护区：含大慈寺（占地32亩），以及大慈寺街、北糠市街、和尚街、玉成街、马家巷、总府街等相邻街区、街段。1998年成都市规划设计研究院根据《成都市整体发展规划》《成都三大历史文化保护区规划》精神，又制订了《成都市大慈寺历史文化保护区详细规划》，规划面积9.8公顷，范围包括：北纱帽街、中纱帽街东侧、西糠市街、字库街、马家巷等街巷。保护区在东糠市街街道办事处辖区内及核心部分。

保护区历史文化概况

因著名寺庙大慈寺在佛教中的地位而成立此保护区，并围绕寺庙自清初以来渐自形成的街道和多类型传统建筑组团，遂成今貌，其中：

大慈寺

唐代至德二年（757年）称"震旦第一丛林"，始建于隋，盛于唐。唐玄宗赐"大圣慈寺"名，民间简称"大慈寺"。唐宋时期占地千亩。寺内有玄宗、僖宗画像，吴道子藏画10幅。其历代形成的文化宗教气氛为川西培养了大批名人、雅士、高僧。香火游人之旺盛还进而形成了川西特有的民风民俗，如"蚕市""药市""花市""七宝市"……刺激了当地农业经济的发展。现大慈寺位置在保护区北部，是市级文保单位。现存的大慈寺为清顺治至同治年间续建。

成都市博物馆

在大慈寺内，是一个以历史文化为主，反映成都历史文化传统，具有显著特色的地方博物馆，收藏有大量的地下文物等珍品。

广东会馆

经踏勘，发现广东会馆是成都城内唯一尚存的大型三进会馆，傅崇矩《成都通览》中有"广东会馆（糠市街）"可证。现在西糠市街28号巷内，仅存主殿及耳房，殿内精美壁画尚存。其他遗址格局可辨，是在清初一尼姑庵的基础上兴建的。

笔帖式

笔帖式系满语，官名。清代总督衙门专设此官，掌理翻译满汉奏章文书。笔帖式署设于此，街道故得名。署址在保护区东南角，格局尚存。

善　堂

一在马家巷59号，二在马家巷76号，均为"鄂东善堂"，是介于会馆与民居之间的区域性民间慈善机构。建筑保护较好，是民国作品。

大慈寺街

长108米、宽3～4米，街北临大慈寺，民国时命名。

和尚街

北起玉成街西口，西止大慈寺街，东侧跨马家巷。长204米、宽4米，是大慈寺僧房用地，清以前形成，后毁，再建在寺外，是全国罕见的寺外和尚聚居成街处，因而得名。街房面积达7000平方米。

北糠市街

和大慈寺原大门形成轴线的朝香大道，后成街道。南起东、西糠市街交会口节点，北至大慈寺南大门。长162.5米、宽4～5米。

东糠市街、西糠市街

和北糠市街成垂直关系的东西向街道。东糠市街长204米、宽5～8米；西糠市街仅存2—56号，被拆毁，已不完整，现长约110米、宽5～8米。

马家巷

南起东糠市街，北止玉成街南口，西临和尚街，东有小巷通章华里。巷道长369米、宽3米，为现保护区内唯一呈弯曲状街巷。内有垂花门4道，老虎窗若干，立面丰富，富有成都民居特色。原为箭道，清光绪时一马姓官员于此守护被服库，故叫马家巷。

章华里

南起东糠市街，北无通路，西临马家巷，长108米、宽4米。原为大慈寺东禅堂的桑园，民国十四年（1925年）被一商人开发成里坊式格局的居住用房产。后被军阀潘文华以内弟赖某名义买下，是成都目前仅存的里坊制格局。"章华"之名寓含开发商文章有才华之意。民居格局丰富，构成合院民居集中区域。

造币厂

在西糠市街28—38号五开间临街店面内，原是一位国民党军官姨太太陈婉秋于民国时所建，其中巷内附5号为一蒲姓国民党上校买得，其人1947年去台湾，现常回来缅怀。三合院格局，中有一攒尖凉亭，为带小品的富有地方色彩的庭院。

武瘦梅故居

著名画家武瘦梅"大隐于市"的住宅，在和尚街14号内，曲径通幽，宁静清爽。为二进合院。

字　库

清中叶小品，二重檐塔式攒尖六角砖结构。高约6米，在北糠市街与字库街交会角上。一派正宗的清制仿木构风格。

保护区形态、街道、建筑评述

　　大慈寺历史文化保护区以大型寺庙建筑群为核心，以周围的民居为主组团，是宗教文化以大体量建筑为载体向周围辐射、扩张影响的结果，因此整体显得紧凑而不松散。若剥离周围民居群，大慈寺就变得孤立，其中心空间地位便会消失，历史文化保护区将不存在。

　　保护区西侧以广东会馆大型公共建筑为主体的民居组团，适成西侧副中心，和东南侧的章华里副中心以里坊为主体的民居组团构架起保护区空间结构的基本框架关系，同时在屋面形式上又以歇山式、面积较小的悬山式予以区别，而章华里则以过街楼为里坊大门空间符号，自成一体融入保护区内，使得整体组合因素显得丰富多样，各组团又有鲜明的识别性。作为成都清代以来的城市发展遗存，保护区形成了发展过程序列，又整体浓缩了大部分已经消失的成都城市形状与神韵，是成都目前三大历史文化保护区中面积最大、建筑类型最多、街道体系最为丰富而又不游离于主体空间大慈寺之外的。因此，保护区内虽然新建了若干占地面积大小不同的水泥建筑，但其完整性尚在一定程度上得到了保留，不是特别的支离破碎，还较能体现中国建筑区别于其他国家建筑的"尊严性和体面性，尤其是它的屋面"（梁思成语）。

　　保护区的建筑现状是评价保护价值的核心，经调研，有如下几类特点：

　　除大慈寺外，民居占保护区建筑的 90% 以上。

　　民居类型上，以前店后宅式构成街道民居的主体，但布局、做法甚为多样，有前店后天井式，且不少是多进天井系列。"前店"多为铺面，有连排式、天井民居下房作铺面式、一门多宅式、里坊式等。这些做法全面系统地反映了清以来四川民居在中原文化影响下，虽然地处内陆，天时、地利、人和发生了变化，但仍顽强遵循着传统大一统的中华文化的建筑制度，如方位、中轴对称、居高为尊、人伦秩序等，本质上反映出一个国家在政治、文化上的统一性。尤其是在满族统治下的中国，更体现出多民族维护中华文化尊严的一致性和团结性。

　　民居类型上，无论临街还是街后，又表现出融会中原文化的强烈的地域文化色彩。如天井面积拓宽是解决四川尤其成都日照少的做法，普通临街店面屋

/1\ 字库街垂花门

/∖ 中纱帽街 32 号庭院绿化

顶加建老虎窗，是为了增大使用空间同时又解决采光问题，等等。正如梁思成、刘致平等中国营造学社专家们一致指出的，这些做法是对中原文化的"僭纵逾制"，个中饱含了独有的区域文化特征，又反映了四川历史上的社会状况。这正是中华多元文化构成的要素。

大慈寺保护区民居整体上又展示出从清代到民国，直至新中国成立后居住空间几百年渐进的系列衍化。尤其是人门（龙门）的做法，有清初以来中原垂花门严格的尺度及雕饰者；有清末逐渐简化，材料、做工粗糙者；有民国初期受西方文化影响，大门仿学西方小教堂做法但又不知具体做法，凭感觉创造者；有新中国成立后改造大门者。这些变化正是历史文化渐变的有力物证，是一个地区和城市发展的断面，是爱国主义教育活生生的乡土教材，是烘托改革开放以来物质创造巨大成就的对比素材。

其他公共建筑，如寺庙、会馆、衙署、善堂、祠堂、字库等，同是现成都城区作为历史文化名城不可再生的基本的最低限度的地面文物构成要素，也是一个城市发展的脉络所在。它们多是清初以来的作品，尤显得珍贵。

建筑技术上，公共建筑普遍采用抬梁式结构，庑殿及歇山式筒瓦屋顶，砖石围护墙体，屋面普遍追求举折产生的凹曲线，是技术与美学相辅相成的完美结合。民居则以穿逗结构的全木框架为主要做法，竹编夹泥墙，石材与三合土铺地，杉木裙板，小青瓦盖顶，开间及进深谐和6、8、9尾数的市制尺寸，堂屋普遍三门六扇，特别注重大门木构垂花门的传统做法。

建筑装饰艺术上，以福、禄、寿、喜四字作为民居装饰文化主题。几乎所有石、木、泥、砖的雕刻均围绕这四字展开构思，如以蝙蝠谐比"福"，以梅花鹿谐比"禄"，以牡丹谐比"喜"，以仙桃谐比"寿"等。这些装饰可出现在山墙、门屏、吊柱、撑拱等处。

保护区保护措施建议

1.经实地踏勘调查1个月，感到原市规划院1998年制订的《大慈寺历史文化保护区保护更新规划（调整）》中，东侧的界线有从章华里侧民居群中穿过的分割。实质上笔帖式街及笔帖式衙署应为大慈寺保护区历史上形成的天然界面，且此片建筑保护较完好，另北纱帽街57号附1、3、5、7号自成一体，也很有特点。故建议将此片纳入新的保护范围，以完善保护区的历史文化完整性。

2.在西糠市街、南糠市街、南纱帽街的夹角内，现已拆毁的民居间，露出大面积的清代民居围护古砖墙体和一些木构框架废墟。墙体出现了山花墙、"猫拱背"、三山式、五山式重檐风火墙及连续几道的砖砌龙门系列。此是世界级的历史文化遗迹，是现代城市设计不可多得的特定偶然素材。应抓住此千年难觅的机会，招标进行城市设计，它的社会效应将是震撼性的，同时显示了城市管理者超前及后顾的深厚文化素质。

3.保护区街巷在格局不动的情况下，基本上遵循市规划院在1998年《大慈寺历史文化保护区保护更新规划（调整）》中的构思，能否在适当的节点、街段增加一些檐廊？此不仅完善街道空间开敞、封闭、半开敞（即黑、白、灰）的系列变化，而且体现出四川街道在空间做法上的传承性及特色性。

4.保护区内建筑保护仍遵循1998年市规划院《大慈寺历史文化保护区保护

更新规划（调整）》方案。经认真详细的调研，在原方案基础上提出对优秀建筑个案的保护修整（修整外观，改造内部）建议，并继续做好案例的测绘工作。

5.在传统民居建筑迁建规划方案中，建议针对各具形态的城区、郊县区多类型的传统建筑中的佼佼者，经测绘后在此地块中重建，以提高历史文化保护区的建筑含金量，打造真正的成都地域建筑文化的完整概念，并有利于刺激保护区内传统文化产业的发展。

保护区经济开发构想

1.文化产业与传统居住模式协调的保护区。

2.收藏家私人博物馆、美术馆集中展示区。

3.民间传统工艺制作、展示、销售一条街。

4.地方戏剧、曲艺、艺术荟萃区。

5.区域文化、出版、科研、家政、教学、旧书一览区。

6.外国人租房、旅栈、学习、考察的对外窗口区。

7.划定一定范围作为常住居民按习惯生活的民风民俗保护区。

8.拓宽大慈寺南门（原大门）作为广场式中心空间，建灯杆、牌坊、过街楼，以形成成都传统节日、传统游乐项目（如龙灯、车灯）表演区。

9.成都传统名小吃一条街。

10.川菜精粹一条街。

11.成都特色庭院、绿地文化（含盆景）片区。

12.成都传统茶馆文化一条街。

保护区详细规划及前期工作建议

1.邀请房地产商、策划家、建筑师、规划师、城市专家、历史专家、文化学者、新闻从业者、文保专家、收藏家、艺术家、居民、高新区高新技术代表、教授、餐饮老板、宾馆老板、茶协会员、宗教人士、外国人、戏剧家、民间艺人等，召开一次实地考察后的大型座谈会。

2.深化座谈会内容，缩小参会人员范围，展开对详细规划有借鉴作用的更进一步的讨论。

3.详细规划一稿讨论。

4.详细规划二稿讨论。

5.详细规划定稿。

大慈寺历史文化保护区现状研究

在现代化的历史进程中，城市空间的新陈代谢是社会发展的必然规律。但是那些存在着的有典型历史文化意义的片区、地段及建筑物，是我们熟悉这个城市的历史背景和过去社会状况的断面。它形成的生活领域、富于人性的传统都市空间及场所，使我们有着强烈的归属感。同时，它又是这个城市过去种种制度、信仰、价值观念及行为方式等构成的象征，它传承着代与代之间、历史各时期之间的连续性和同一性，传递着人们创造与再造自己城市文化的密码，持续地维系着人类共谋发展的长远秩序。大慈寺历史文化保护区是成都的文化品位，体现着这个城市的价值与精神，是人们识别成都在历史上的发展和定位的标志性空间场所，也是认同这个城市的人群的情感容器。大慈寺历史文化保护区的传统空间现状有如下几大特点。

有序的布局规模结构

大慈寺片区传统空间的形成是一个历史过程，虽然以大慈寺为主体的庞大建筑群续建于清初顺治年间，但它延续了唐代以来的文脉。清以来和尚庙产中围绕寺庙修建的民居，成为区域、街道、建筑等元素经长期衍化组合，从而形成的相对稳定的空间结构的开端。由于现后门（南门）是大慈寺当时的正门，亦即在大门前的坝子构成片区的中心空间，同时以大门为轴线，以大慈寺庞大的建筑群为始端，轴线向南发展，形成北糠市街、南糠市街。由于成都地形平坦，利于中原城市建筑文化的开展，故北、南、东、西糠市街渐成片区的基本骨架，形成片区棋盘式街道结构。这4条街相交成十字街节点，正是这种结构的核心。但它是由大慈寺轴线延伸而来的。不过又有如马家巷这样的弯曲状巷道糅合其中，片区街道之貌正是自秦以来成都街道格局仿学咸阳，遂成龟背网络的浓缩，布局的肌理性、直中有弯的承转性等同样也由大慈寺宗教建筑和由其产生的轴线发生发展而来，所以今保护区规模虽仅为受大慈寺影响的传统空间中靠近寺庙周边的部分，但它综合体现了中原文化和地方文化的有机结合，是国家统一的有力的空间实证。

传统空间尺度及空间处理

大慈寺保护区传统空间以街为形，形成人文环境的底景或框景。这种景观给人带来愉悦和审美满足，随着街景不断变化推移，暗示了当地人的生存哲学以及街道、建筑对这种哲学的空间诠释。这就造成了空间现象的区域化特征，构成了具有本地文化特色的城市景观，这种城市文化将是一个历史文化名城最宝贵、最值得珍视的历史遗产，同时它又诠释了中国儒、道、释三家共同倡导的"天人合一"思想，亦即人与自然的和谐相处：建筑不可太张扬，不要高耸入云，直指上天，而是平平实实，谦逊和气。空间展开不是垂直拔高，而是平面展开。大慈寺整个片区把握了此传统哲学思想，而街道中的字库、垂花门、砖拱门、过街楼等小品则以活跃空间气氛为宗旨，使片区更加富于生机，富于人情味。

/\\ 曾家祠堂大门

　　大慈寺街道与民居尺度不可以现代街道与建筑尺度来衡定，作为一种历史文化现象，它存在一种不可比拟性。

传统空间的多义模糊性

　　大慈寺历史文化空间和中国传统城市一样，存在一种功能的多义模糊性，寺庙宫观与民居共存，会馆善堂与作坊相邻，街道与市场同在，交通与交往、儿童游戏与妇女休闲空间互补。空间的一切元素相互渗透，相辅相成，综合体现了空间元素的共存及国人素来整体思维的全面性。大慈寺和尚围着寺庙修建若干民居并成街巷，不仅自己居住还出租给别人，是"人间"与"天上"的模糊。会馆善堂全在民居之中，呈现民居—善堂—会馆的过渡形态，是族缘、地缘结合上渐变的空间模糊。门洞、甬道、长出檐、里坊、节点等空间既是私家的又是公共的，既尊重人又顾及自己的身心需要，是过往的人与家人户外活动的肌理性极强的空间设计及处理。凡此种种，大慈寺仅成都一角，高密度浓缩和诠释着这座历史文化名城对于人的理解和尊重。这种总体存在的城市空间，显然不唯传统空间多义模糊性的设计手法，更重要的是它形成社会亲善、相互接纳、宽以待人的良好社会氛围。这是给现代高楼大厦里居住的日渐冷漠、互不关心、老死不相往来的城市居民的一副清醒剂，故又有一定的社会警示作用。

大慈寺传统空间介质现状

大慈寺历史文化区的空间现状，核心表现在人们认识到它有存在意义并界定它的表面介质上，如路面、屋面、墙面、植被等，因为它们是我们身心直接感受到的客体。拿此观点判评保护区空间，现状依介质而定大约可分为以下方面。

1.保护区总体格局产生的介质综合信息表明，北纱帽街、大慈寺街，基本拆除并成了平地，又，片区内用现代材料改造更新了小部分房子。这些干扰甚至破坏保护区介质体系的区域，约占保护区总面积（9.8公顷）的1／5。

2.保护区内除大慈寺32亩诸介质元素十分完整外，以其他民居为主体的介质体系存在着不同程度的优劣状态。表现在：

（1）普遍的搭建混淆模糊了传统民居由介质构成的界面。清除这些"偏厦"，即可还其传统民居真实的介质面目。

（2）鸟瞰表明，中国传统建筑最具特征性的屋面介质系统尚较完好。

（3）外墙面介质系统存在较大问题，以卷帘门、水泥、瓷砖等材料取代者较多，尤其是临街墙面。

（4）街道民居后面内、外墙面介质的完整性几乎都存在不纯粹现象。

（5）民居内部空间重新分割、组合的较多。

（6）以穿逗为主体的木结构系统，材质偏旧、老化。木柱根部有腐朽现象，下水不畅是重要原因，也有房产归属、住户更换频繁等原因。天井、街道、半开敞门洞、过厅、檐廊、封闭的室内形成传统空间属性的基本特征。保护区内则处处皆有，十分生动。

（7）植被保护很好，除大慈寺内，尚有84棵乔木，内中不乏皂角、野椿、香樟等珍贵者。

（8）整个保护区内路面系统都较破烂。

大慈寺传统空间现状

传统空间具体的物质形式一般分成古建筑、室外环境、空间属性三大部分。

1.古建筑。保护区内若严格按照《中华人民共和国文物保护法》规定，真正属于1841年前的建筑是不多的。除大慈寺外，只有广东会馆和个别民居为古建筑。这些民居大多数建于晚清和民国间，虽不能称古建筑，但均为在原址上不断修建，在平面上遵循中轴古制，尺度、墙面、材料装饰等亦处处延续传统空间制度。这些物质特征正是地方文化不间断发展的区域个性色彩，同样弥足珍贵。

2.室外环境。保护区室外环境以街巷、节点、邻里、天井、院坝、绿化为主要特征。街巷形成主街道、巷子、断头巷等长短不同、剖面高宽比尺度有异的丰富环境，并由此构成路网，串通家家户户天井、院坝，形成室外开敞性环境体系，非常优美、非常难得。

3.空间属性。就建筑本身而言，凡公共建筑多庑殿式和歇山式屋顶，如大慈寺、广东会馆。成都民居则多悬山式，保护区民居亦以悬山式为主，但从传统空间的多义模糊性理解，悬山式民居又因善堂、祠堂、作坊、店铺，甚至殖民地色彩的近代建筑混陈在一起，而在建筑类型上显得模糊。但总体而言，空间的开敞、半开敞、封闭构成了大慈寺的传统空间序列。

大慈寺传统空间使用现状

1.北糠市街、东糠市街、西糠市街、和尚街为主体空间，形成卖蔬菜、副食、日杂、饮食、加工、茶馆、旅栈、居住、幼儿园、小学出入口等多义模糊功能使用性质，从早上8点至中午12点为集市性质人流的高峰时段，下午则疏淡、空闲。成都市井休闲文化景观凸现。

∧∧ 大慈寺保护区屋面

    2.保护区内尚无一家真正现代意义的商店、茶坊、酒吧、舞厅、银行等由现代建筑材料修建的空间。现北糠市街轻工局幼儿园、旅馆、小学，马家巷市公安局禁毒所等水泥、瓷砖建筑，仅为一般性现代材料的房子，几乎没有设计意义。

    3.马家巷、章华里、字库街、和尚街，以及北、西、东糠市街后的大片民

居，居住者绝大部分为常住居民，间或出租给进城打工、经商的农民暂住。民居不少用作盒饭、熟食、粮食加工等作坊式空间。空间功能、秩序大为改变，消防及环保问题严重。

4.原本一家一族的庭院，现多则几十户、少则五六户拥塞在一起，致使乱搭乱建现象普遍。地面抬高，下水不畅，环境卫生恶劣，因此原民居平面格局不易寻觅和判断。但仍有近 20 个庭院稍加维修、调整即可恢复本来面目。

5.公共建筑以广东会馆为最，但仅存前殿和耳房，建筑尚坚实。内部分割为多户居住。小品有字库一幢，为二层塔式砖结构，亦较完好。

结　语

综观大慈寺历史文化保护区现状，客观存在的传统空间衰败、凋敝现象是具有普遍性和严重性的。针对现状需立即解决问题，建议依据以上对现状的分析，按如下步骤采取措施：

1.首先是对传统空间介质的保护，即对墙面、屋面、路面、植被等空间介质的保护。

2.对传统空间使用性质的保护，即对生活方式、文化氛围、风尚习俗的保护。特别强调对原住居民民居的保护，不可使之中产阶级化。

3.对步行生活方式的保护，杜绝汽车进入。

4.不能用"推倒铲平重来"的更新方法，也不能建"仿古一条街"。但需区别"仿古"和"复制"的概念和做法。

5.只能采取小范围、小规模、小尺度的渐进式办法，先对建筑结构加固，保持外部原貌，再作内部装修，以适应现代装备的需求。

历史文化名城保护，尤其是对中心城区的保护，是对这个城市名誉的保护，也是对历史负责，对城市居民在社会信誉上的庄严承诺，它是每一个公民、设计者、管理者义不容辞的责任。我们这样做正是为后来者作出榜样，因为我们今天所拥有的一切也会变成昨天，昨天就会变成历史。

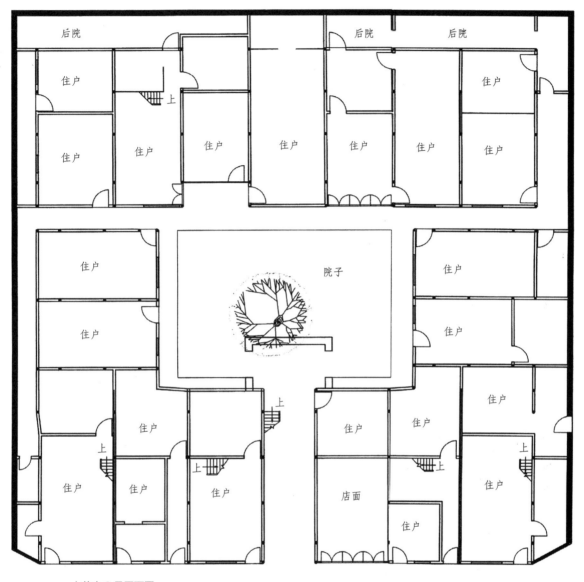

後院　　　　　　後院　　　後院

住户　　　　　　　　　　　　　　　　　　住户

住户　　住户　　住户　　住户　　住户　　住户　　住户

住户　　　　　　　　院子　　　　　　住户

住户　　　　　　　　　　　　　　　　住户

上　　　　　　　　　　　　　　　　　　住户

住户　　上　　　　　　　　住户　　住户

上　　　　上　　　　住户　　上

住户　　住户　　住户　　店面　　　　上　　住户

住户

/↖ 大慈寺2号平面图

成都市井最后记忆之和尚街

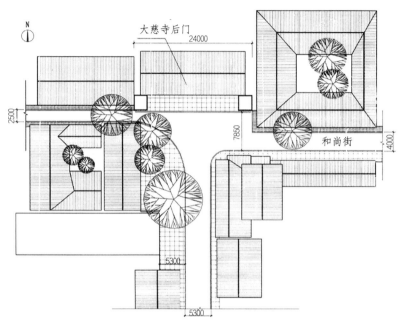

/⅏ 大慈寺后门节点平面图

/⅏ 和尚街 1—10 号沿街立面图

/⅏ 和尚街 9 号等立面图

/⋀ 和尚街

/⋀ 和尚街民居

大慈寺 10 号

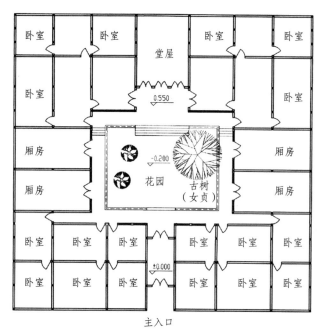

/⚏ 大慈寺 10 号一层平面图

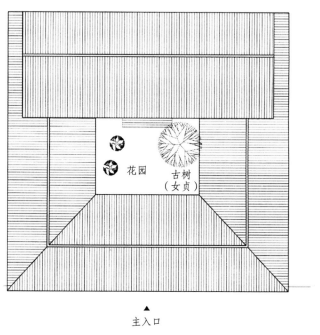

/⚏ 大慈寺 10 号屋顶平面图

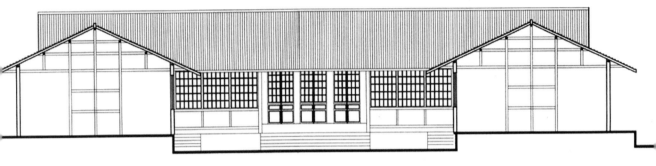

⚂ 大慈寺 10 号剖面图（1）

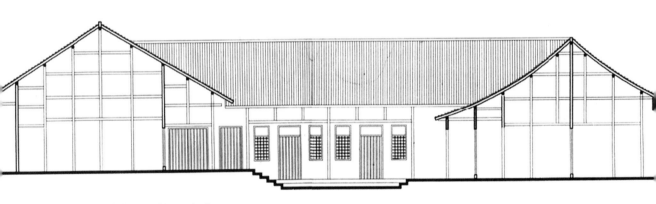

⚂ 大慈寺 10 号剖面图（2）

和尚街 14 号

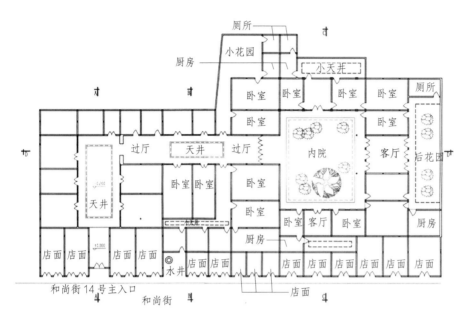

厕所
小花园
厨房
水天井
卧室 卧室 卧室 卧室 厕所
过厅 天井 过厅 卧室 卧室 客厅 后花园
天井 卧室 卧室 卧室 内院
卧室 卧室 客厅 卧室 厨房
厨房
店面 店面 店面 店面 水井 店面 店面 店面 店面 店面 店面 店面 店面
店面
和尚街 14 号主入口 和尚街

/\ 和尚街 14 号一层平面图

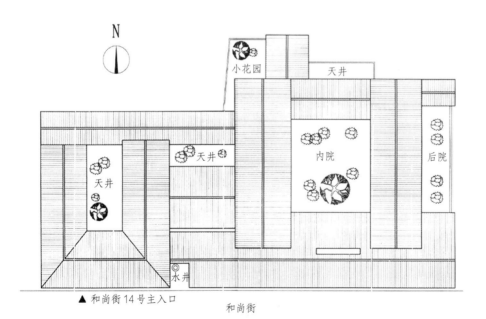

N

小花园 天井
天井 天井 内院 后院
水井

▲ 和尚街 14 号主入口 和尚街

/\ 和尚街 14 号屋顶平面图

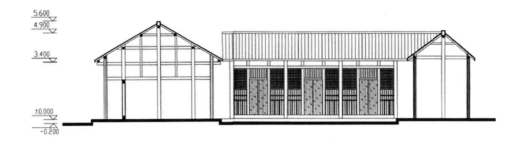

和尚街 14 号 A—A 平面图

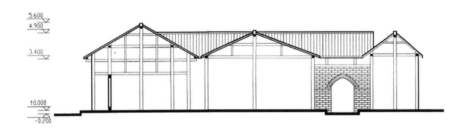

和尚街 14 号 B—B 平面图

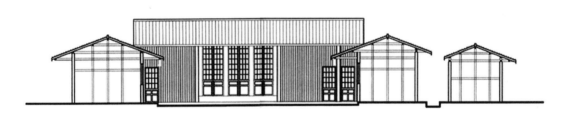

和尚街 14 号 C—C 平面图

和尚街 14 号 D—D 平面图

和尚街街景

/\ 和尚街与北糠市街交会转折处民居

/\ 和尚街茶馆

∧∧ 武瘦梅故居二门"纯修别整"　　　　　　∧∧ 和尚街 14 号大门

∧∧ 和尚街 14 号武瘦梅宅入口门洞

马家巷

/⋏⋏ 马家巷 1—59 号沿街立面图

/⋏⋏ 马家巷街口

/⋀ 开始拆除时的马家巷

马家巷 7—10 号

/^\ 马家巷 1—41 号沿街立面图

/^\ 马家巷 7—10 号

/^\ 马家巷 29 号垂花门

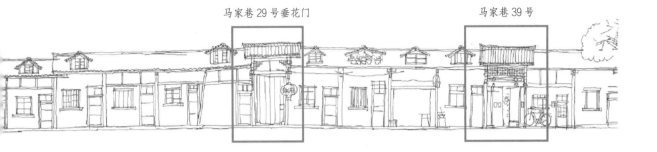

马家巷 29 号垂花门　　　　　　　　　　　马家巷 39 号

/八 马家巷 39 号

/八 马家巷 40 号一段

/八 马家巷老虎窗

马家巷 42 号

马家巷 42—59 号沿街立面图

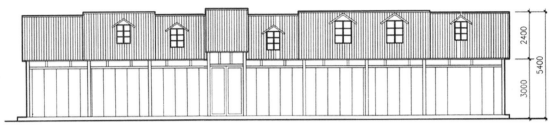

/⋀ 马家巷 29 号沿街立面图

/⋀ 马家巷 59 号鄂东善堂撑拱

/⋀ 马家巷 43 号

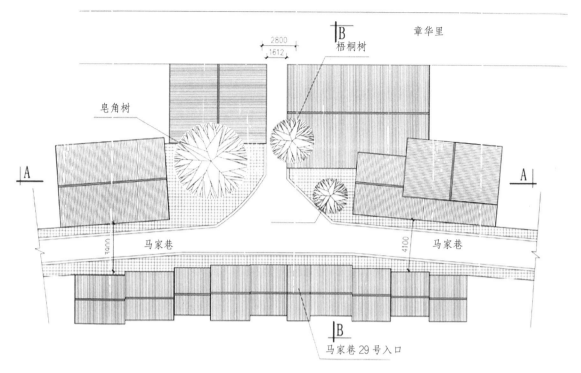

- 章华里
- 梧桐树
- 皂角树
- 2800
- 1612
- B
- A
- A
- B
- 4100
- 马家巷
- 马家巷
- 马家巷29号入口

⁄⋀ 马家巷通章华里节点平面图

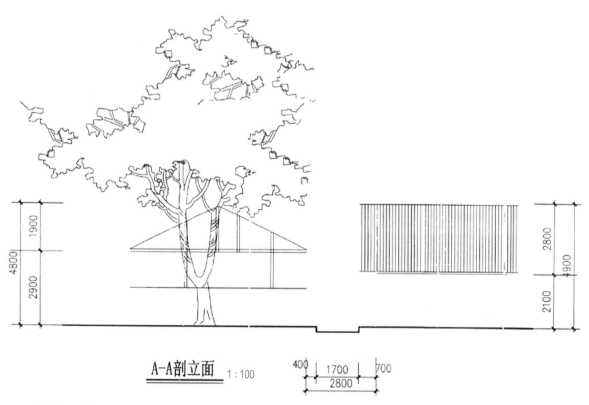

- 1900
- 4800
- 2900
- 2800
- 1900
- 2100

A–A剖立面 1:100

- 400
- 1700
- 700
- 2800

⁄⋀ 马家巷通章华里节点剖面图

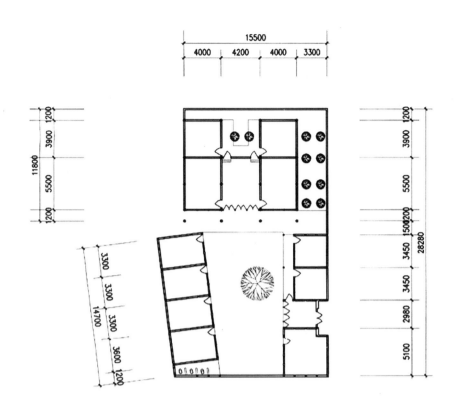

/↖ 马家巷 59 号一层平面图

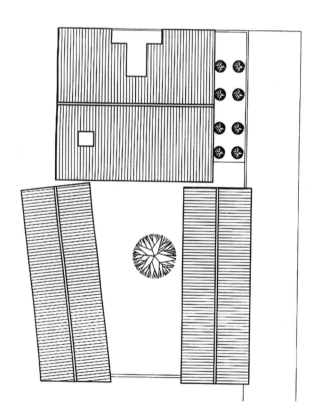

/↖ 马家巷 59 号总平面图

鄂东善堂

/⋀ 马家巷 59 号鄂东善堂沿街立面图

/⋀ 马家巷 59 号鄂东善堂堂屋

∧∧ 马家巷鄂东善堂大门

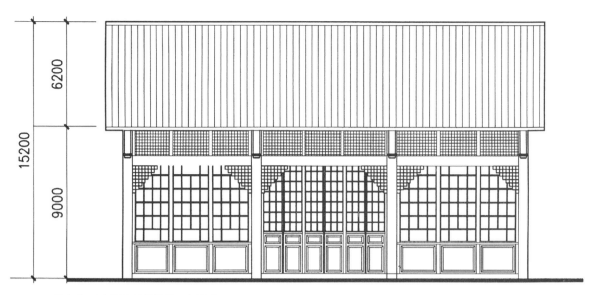

/⋀ 马家巷 59 号鄂东善堂堂屋正立面图

/⋀ 垂花门

/⋀ 马家巷与和尚街交会处

/⋀ 马家巷 76 号鄂东善堂大门

∧ 马家巷 63 号

/⋀ 马家巷 76 号鄂东善堂大门

/⋀ 马家巷 76 号大门内檐廊

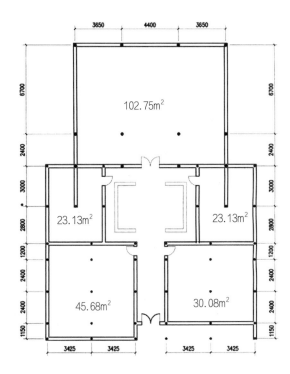

3650 4400 3650

6700

102.75m²

6700

2400

2400

3000

3000

2800

23.13m² 23.13m²

2800

1200

1200

2400

2400

45.68m² 30.08m²

2400

2400

1150

1150

3425 3425 3425 3425

/⋀ 马家巷 76 号平面图

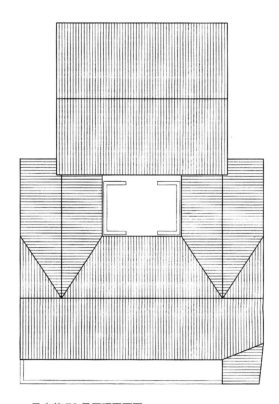

/⋀ 马家巷 76 号屋顶平面图

西糠市街

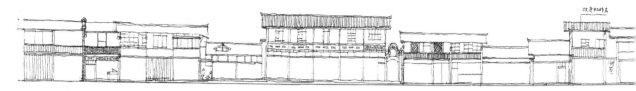

⁄⁞ 西糠市街 2—56 号沿街立面图

⁄⁞ 西糠市街屋顶鸟瞰图

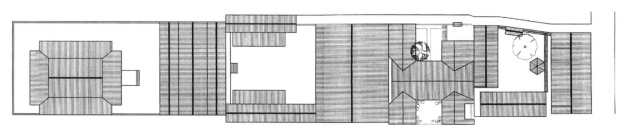

∕⋀ 西糠市街 28 号屋顶平面图

八 西糠市街 28 号巷内广东会馆山墙

西糠市街 28 号巷内广东会馆轮廓图

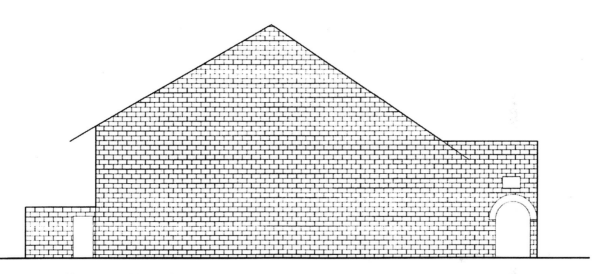

西糠市街 28 号巷内广东会馆侧立面图

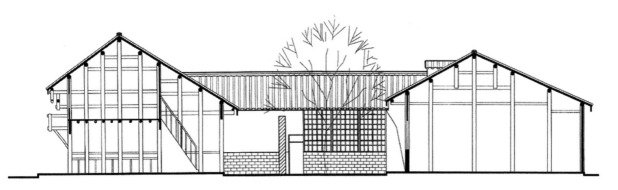

大慈寺 2 号剖面图

西糠市街 8—10 号

/∧ 西糠市街 8—10 号临街门面

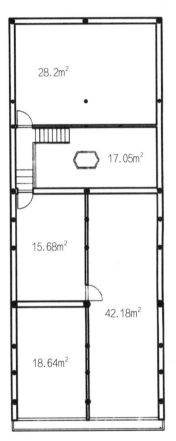

28.2m²

17.05m²

15.68m²

42.18m²

18.64m²

/ﾊ\ 西糠市街 8—10
号一层平面图

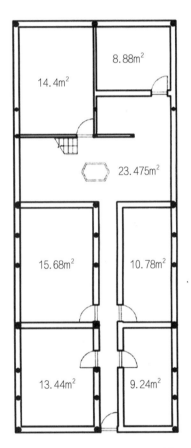

8.88m²

14.4m²

23.475m²

15.68m²

10.78m²

13.44m²

9.24m²

/ﾊ\ 西糠市街 8—10 号二层平面图

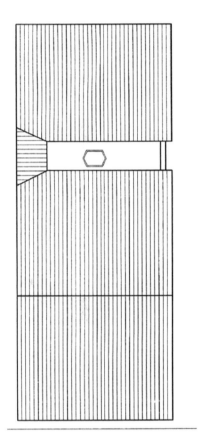

/ﾊ\ 西糠市街 8—10 号屋顶平面图

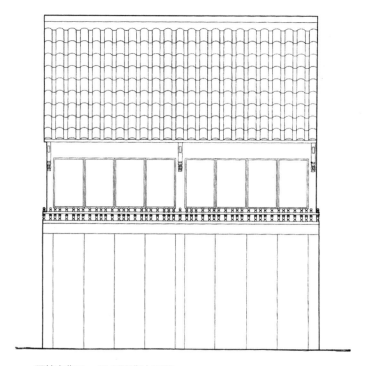

/⋀ 西糠市街 8—10 号沿街立面图

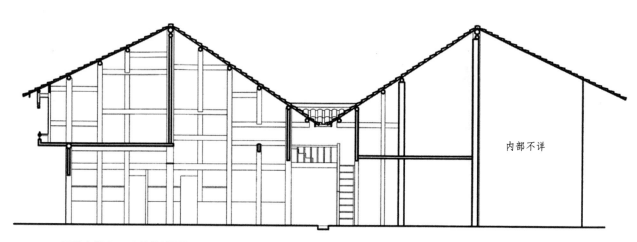

内部不详

/⋀ 西糠市街 8—10 号纵剖面图

西糠市街 28 号附 4 号

∧ 西糠市街 28 号附 4 号

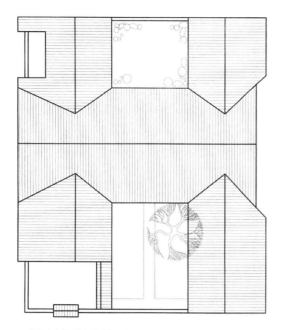

/Λ 西糠市街 28 号附 4 号屋顶平面图

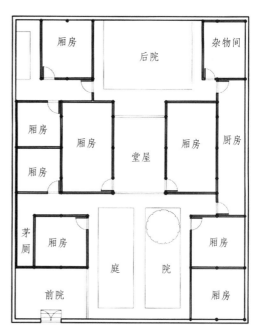

/Λ 西糠市街 28 号附 4 号一层平面图

廂房　后院　杂物间

廂房　廂房　堂屋　廂房　厨房

廂房

茅厕　廂房　庭　院　廂房

前院　　　　　　　廂房

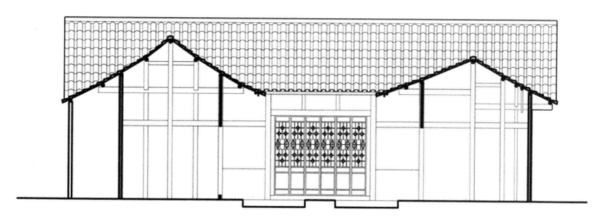

/Λ 西糠市街 28 号附 4 号剖立面图

/⋏⋏ 西糠市街 28 号巷内民居山花墙

/⋏⋏ 西糠市街 28 号巷大门

西糠市街 28 号附 5 号

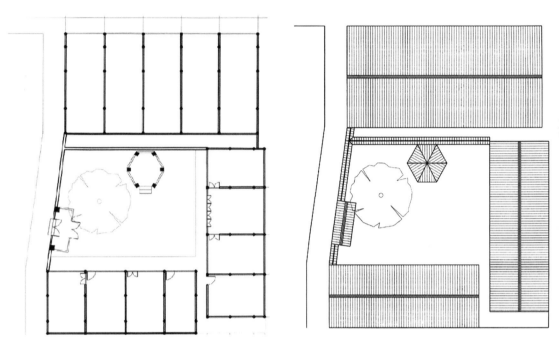

◢◣ 西糠市街 28 号附 5 号（孙宅）屋顶平面图（1）　　　◢◣ 西糠市街 28 号附 5 号（孙宅）屋顶平面图（2）

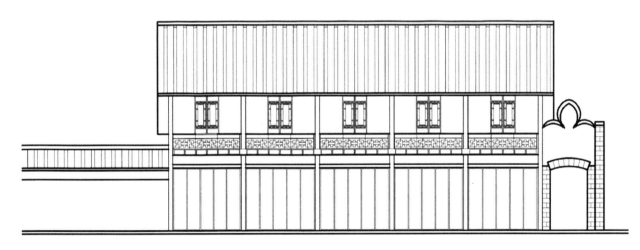

◢◣ 西糠市街 28 号附 5 号（孙宅）沿街立面图

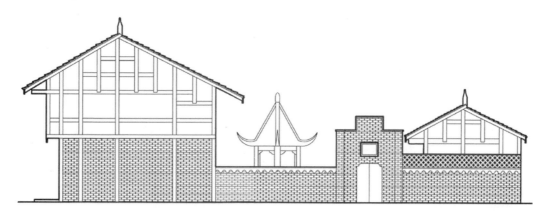

／⋏ 西糠市街 28 号附 5 号（孙宅）山墙立面图

／⋏ 西糠市街 28 号附 5 号（孙宅）砖大门

西糠市街 28 号附 5 号（孙宅）内庭门内侧

西糠市街 28 号附 5 号（孙宅）五开间门面

东糠市街

/⋀ 东糠市街 110—54 号沿街立面图

/⋀ 东糠市街一胡同绿化

/⋀ 东糠市街 94 号拆毁后遗留一大门

/八 "履谦恒泰" 砖砌大门

东糠市街 110—108 号

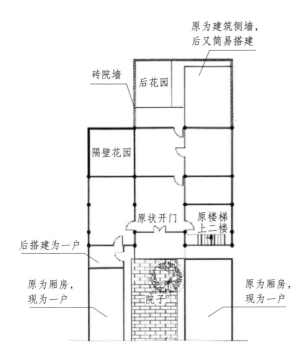

原为建筑侧墙，
后又简易搭建

砖院墙

后花园

隔壁花园

原状开门

原楼梯
上二楼

后搭建为一户

原为厢房，
现为一户

院子

原为厢房，
现为一户

⚞ 东糠市街 110—108 号一层平面图（1）

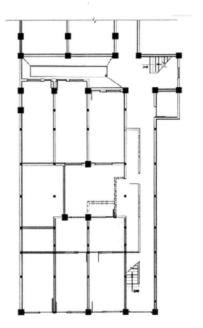

⚞ 东糠市街 110—108 号一层平面图（2）

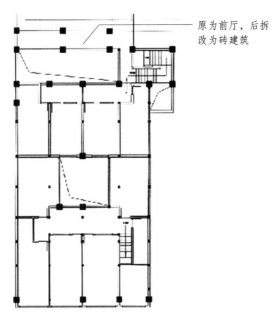

原为前厅，后拆
改为砖建筑

⚞ 东糠市街 110—108 号二层平面图

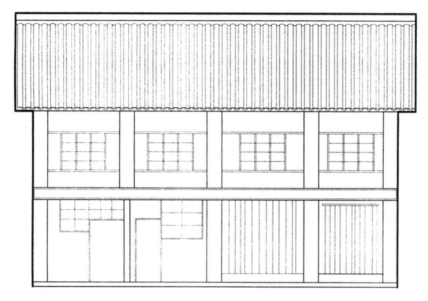

⚋ 东糠市街 110—108 号沿街立面图

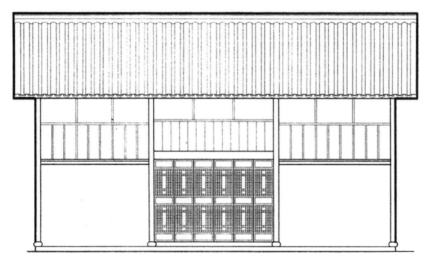

⚋ 东糠市街 110—108 号内院立面图

/八 东糠市街 110—108 号大门

/八 东糠市街 110—108 号临街店面

东糠市街 94 号附 27 号

/⋀ 东糠市街 94 号附 27 号正立面图

/Ⅲ 东糠市街 94 号附 27 号正立面图

/Ⅲ 东康市街 94 号附 27 号屋顶

大慈寺片区部分民居大门一览

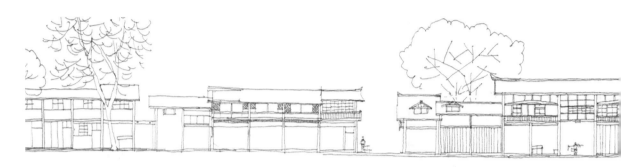

◇◇ 东糠市街 54—2 号沿街立面图

◇◇ 东糠市街 60 号巷内附 2 号

◇◇ 东糠市街 62 号附 3 号

/ᴎ 章华里 12 号 "亲仁处义"

/ᴎ 东糠市街 94 号附 27 号近代建筑的大门

∧∧ 章华里一户大门后雨棚

∧∧ 章华里7号

∧∧ 西糠市街 28 号附 4 号门与庭院

∧∧ 东糠市街 22 号巷

北纱帽街 57 号

／▧ 北纱帽街 57 号附 1 号（安宅）大门

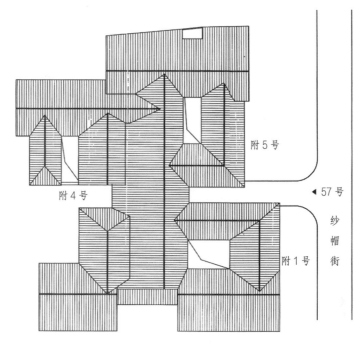

∕⫽ 北纱帽街 57 号附 1、4、5 号屋顶平面图

∕⫽ 北纱帽街 57 号附 1 号二层走廊

∧ 北纱帽街 57 号附 1 号庭院

∧ 北纱帽街 57 号附 1 号上二层楼道

北纱帽街 57 号附 5 号

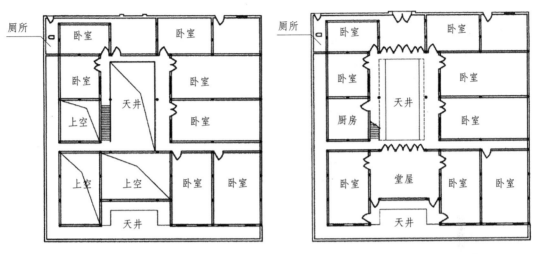

厕所

卧室　卧室

卧室　天井　卧室

上空　　　卧室

上空　上空　卧室　卧室

天井

△ 北纱帽街 57 号附 5 号二层平面图

厕所

卧室　卧室

卧室　天井　卧室

厨房　　　卧室

卧室　堂屋　卧室　卧室

天井

△ 北纱帽街 57 号附 5 号一层平面图

△ 北纱帽街 57 号附 4、5 号剖面图

△ 北纱帽街 57 号附 5 号外侧立面图

/l\ 北纱帽街 57 号附 5 号庭院（1）

/l\ 北纱帽街 57 号附 5 号庭院（2）

/⋀ 北纱帽街 57 号附 5 号大门

北纱帽街 57 号附 4 号

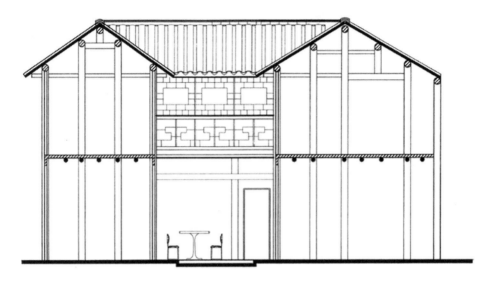

/⋀ 北纱帽街 57 号附 4 号横剖面图

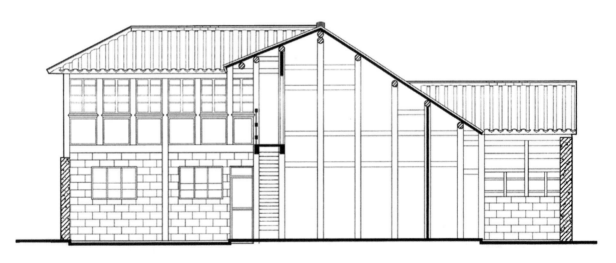

/⋀ 北纱帽街 57 号附 4 号纵剖面图

/八 北纱帽街 57 号附 4 号大门

/\ 北沙帽街 57 号附 4 号二层走廊

∧ 北沙帽街 57 号附 4 号堂屋及上空走廊

中纱帽街 34 号

/⋔ 中纱帽街 34 号院内左侧入口龙门

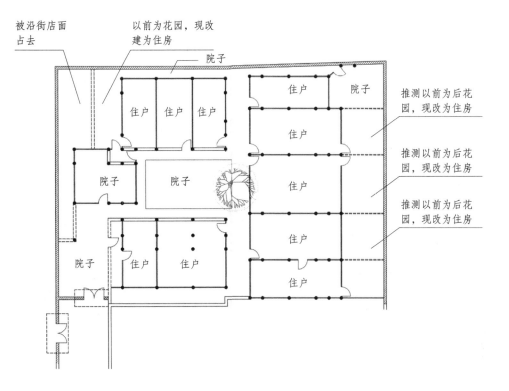

被沿街店面
占去

以前为花园，现改
建为住房

院子

推测以前为后花
园，现改为住房

推测以前为后花
园，现改为住房

推测以前为后花
园，现改为住房

住户　住户　住户

住户　院子

住户

住户

院子　院子

住户

院子　住户　住户

住户

/‖ 中纱帽街 34 号附 1 号平面图

/‖ 中纱帽街 34 号院入口砖门

/⋀ 中纱帽街 34 号附 1 号纵剖面图

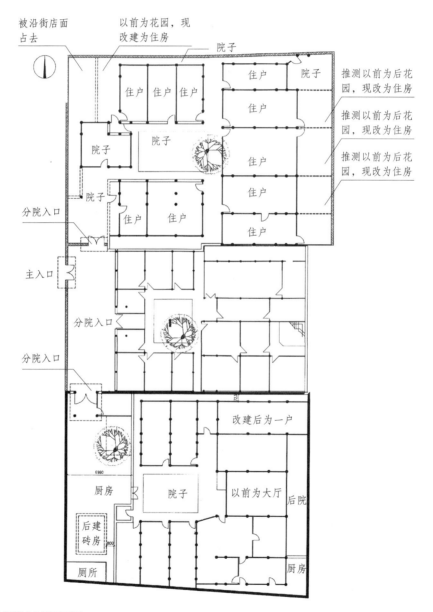

被沿街店面占去

以前为花园，现改建为住房

院子

住户 住户 住户

住户

院子

推测以前为后花园，现改为住房

院子

院子

住户

推测以前为后花园，现改为住房

住户

分院入口

院子

住户 住户

住户

推测以前为后花园，现改为住房

主入口

分院入口

分院入口

改建后为一户

6960

厨房

院子

以前为大厅

后院

后建砖房

800

厨房

厕所

/⋀ 中纱帽街 34 号平面图

章华里过街楼

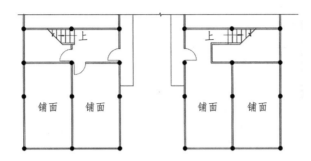

铺面 铺面 铺面 铺面

上 上

/﹨ 章华里过街楼一层平面图

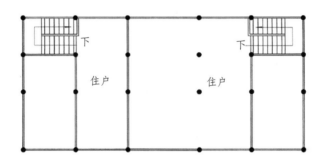

下 下

住户 住户

/﹨ 章华里过街楼二层平面图

/﹨ 章华里过街楼剖面图

↗↖ 章华里过街楼（1）

↗↖ 章华里过街楼（2）

章华里 8 号

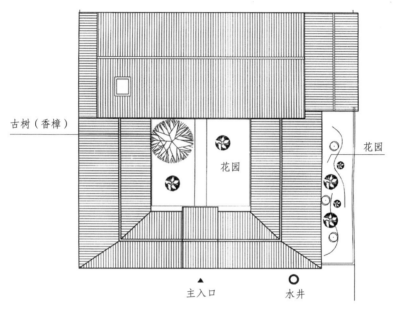

古树（香樟）

花园

花园

主入口   水井

⚞ 章华里 8 号总平面图

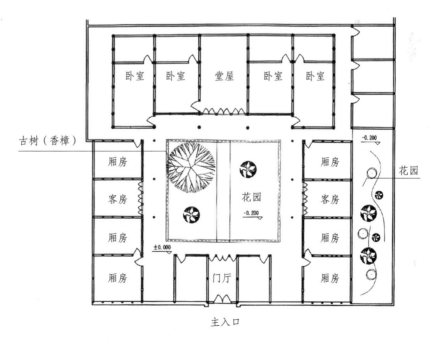

| 卧室 | 卧室 | 堂屋 | 卧室 | 卧室 |

古树（香樟）

厢房

客房

厢房

厢房

花园
-0.200

门厅

厢房

客房

厢房

花园

-0.200

±0.000

主入口

⚞ 章华里 8 号一层平面图

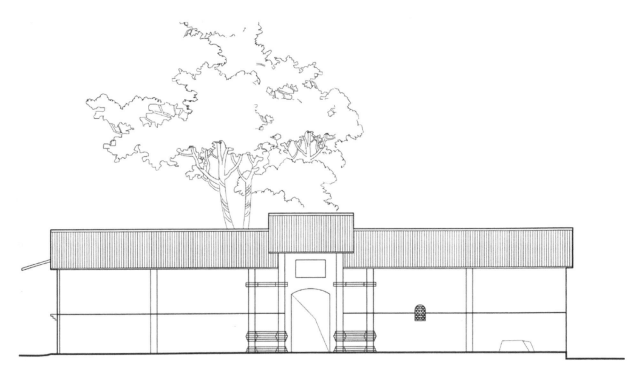

/∧ 章华里 8 号入口立面图

/∧ 章华里 8 号门内侧

章华里 7 号

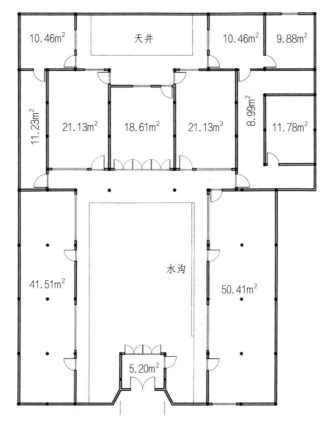

10.46m²	天井	10.46m²	9.88m²
11.23m²	21.13m²	18.61m²	21.13m²
			8.99m² 11.78m²

水沟

41.51m²

50.41m²

5.20m²

/\ 章华里 7 号平面图

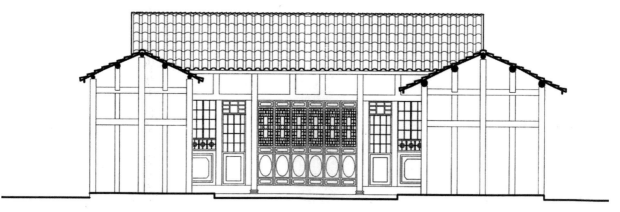

/\ 章华里 7 号横剖面图

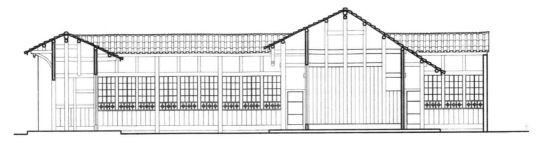

/⋀ 章华里 7 号纵剖面图

/⋀ 章华里 7 号大门

撑拱、吊柱装饰

/⋀⋀ 大慈寺街 2 号撑拱、吊柱装饰（1）

︿ 大慈寺街 2 号撑拱、吊柱装饰（2）

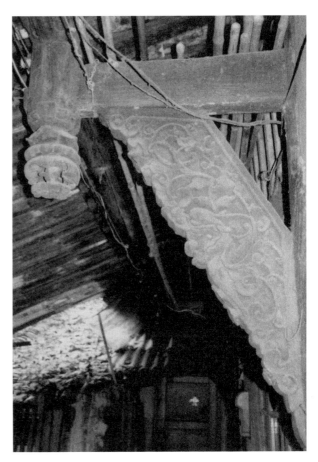

︿ 大慈寺街 2 号撑拱、吊柱装饰（3）

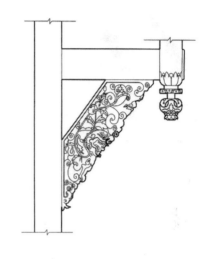

/⋀ 大慈寺 21 号附 5 号撑拱大样图（1）

/⋀ 大慈寺 21 号附 5 号撑拱大样图（2）

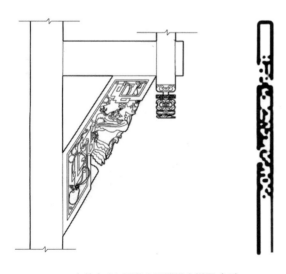

/⋀ 大慈寺 21 号附 8 号撑拱大样图（1）

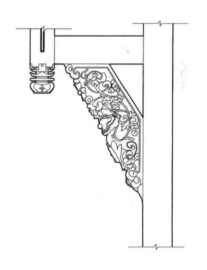

/⋀ 大慈寺 21 号附 8 号撑拱大样图（2）

大慈寺历史文化保护区调研概况（需测绘民居及古建部分）

编号	街道	门牌	宅主	类型	型制	年代	结构	保护程度	其他
1	北纱帽街	57—5	古大慈寺书院	民居	内通廊二层四合院	清末	砖木	较好	三宅加上正在拆毁的附3号构成四宅一道门居住体系，并有主道路，上空覆盖瓦棚以联系
2	北纱帽街	57—1	文昌书院熊函长	民居	内通廊二层四合院	清末	砖木	较好	
3	北纱帽街	57—4	不详	民居	二层三合院	清末	砖木	较好	
4	中纱帽街			民居		清末	砖木	一般	三个姨太，一个住一院，自成体系，格局较完整
5	西糠市街	28—38	系多姓地块	民居古建	多制组合	清末民初	砖木	一般	被28号巷串通一体
5①	西糠市街	28—38	陈婉秋（建宅主）	前店	六排五间	民初	全木	较好	天井有一攒尖凉亭
5②	西糠市街	28—附5		后宅	三合院	民初	全木	较好	照壁，花台已毁，格局变形
5③	西糠市街	28—附4	孙姓	民居	三合院	民初	全木	较差	
5④	西糠市街	28—附3	广东会馆	会馆	三进宫殿上	清初	砖木	较差	只剩前殿，但建筑宏丽，内有壁画，城区最大广东会馆
6	西糠市街	8—10	刘姓	民居	前店后宅	民初	全木	较差	典型成都小型临街民居
7	东糠市街	108—110	裴姓	民居	前店后宅	民初	全木	较差	改造成大杂院，格局难辨
8	东糠市街	94—29—31	四川大学教授	近代民居	二层内通廊式合院	民国	砖木	较好	是区内仅见近代建筑完好者，自称"庐"砖木结构

编号	街道	门牌	宅主	类型	型制	年代	结构	保护程度	其他
9	章华里	过街楼	赖姓	民居	里坊	民国	砖木	较好	成都仅存里坊格局
10	章华里	7	孙等姓	民居	三合院	民国	砖木	较好	
11	章华里	8	池等姓	民居	四合院	民国	砖木	较好	传为赖氏佣人住房
12	马家巷	76	印刷厂	民居	四合院	民国	全木	较好	均为善堂,谓"鄂东善堂",是救济湖北东部劳困移民的民间机构
13	马家巷	59	孙宅	民居	不规则三合院	民国	全木	较好	
14	和尚街	14	武瘦梅宅	民居	多进系列临街民居	民国	全木	一般	名画家大隐于市之宅,原庙产
15	和尚街	4	庙产	民居	前店后宅合院	民国	全木	一般	庙产,已出租
16	和尚街	7	庙产	民居	前店后宅	民国	全木	一般	庙产,已出租
17	字库	北糠市街与字库街交会处	北糠市街与字库街交会处	小品	二重檐塔式攒尖六角	清中叶	砖	较好	被民居挤压一角,是现市内罕见清代作品

大慈寺历史文化保护区调研概况（街巷部分）

编号	街巷名	长度、宽度	路况	方位
1	北纱帽街	长205m 宽8m	已改造成水泥路	南起金玉街、大慈寺街交会口，接中纱帽街，北止大慈寺路。属纱帽街北段
2	中纱帽街	长165m 宽8m	已改造成水泥路	南起西糠市街，东与锦江街交会口，接南纱帽街，北至金玉街、大慈寺街交会口，接北纱帽街
3	大慈寺街	长108m 宽2～3m	一半已成废墟，一半破烂沥青路弯曲状	原东起北糠市街北口，接和尚街，西止北纱帽街
4	西糠市街	长110m 宽5m	破烂沥青路面	西起南纱帽街口，东止北糠市街南口，与东糠市街相接
5	东糠市街	长205m 宽5m	破烂沥青路面	南起西糠市街与北糠市街交会口，止笔帖式街、油篓街交会口，北跨马家巷与章华里
6	北纱帽街	长162.5m 宽5m	破烂沥青路面	北起大慈寺后门大慈寺路，和尚街交会口，南止东、西糠市街街交会口
7	和尚街	长204m 宽4m	破烂沥青路面	北起玉成街西，西止大慈寺路，东侧跨马家巷
8	玉成街	长318m 宽3～4m	破烂沥青路面	北起大慈寺路，南止马家巷，西跨和尚街，东跨东顺城中街
9	马家巷	长369m 宽3m	破烂沥青路面	南起东糠市街，北止玉成街南口，西折达和尚街，东侧通章华里

编号	街巷名	长度、宽度	路况	方位
10	字库街	长 125m 宽 3m	破烂沥青路面	连接北糠市街与马家巷的东西向小巷
11	章华里	长 108m 宽 4m	破烂沥青路面	南起东糠市街，北无通路，西侧通马家巷
12	笔帖式街	长 118m 宽 5m	破烂沥青路面	西起油篓街北口接东糠市街，北止东顺城南街
13	西糠市街 28 号巷		破烂沥青路面	通广东会馆
14	和尚街 4 号巷		破烂沥青路面	原通大慈寺内和尚进出宿舍巷
15	其他死巷（断头巷）	约 10 处，长度、宽度不等	全破烂	不一致

大慈寺历史文化保护区拟测绘复制部分典型民居于保护区内构想名单

编号	县、镇	街各宅主牌	年代	结构	面积（占地）	典型特征
1	新津花桥	正街旅栈	清末	全木	1000m²	川西现唯一保存完好清末客栈、抱厅、戏台、马房、贵客与一般房间齐全
2	崇州街子	正街旅栈	民初	全木	800m²	典雅、通透、有檐廊、天井、碉楼、二门、枪眼
3	大邑唐场	民权街彭宅	民国	砖木	800m²	私密、严谨、有二层回廊、后院、通廊、店面
4	大邑唐场	上民权街	民国	全木	200m²	前店后宅中天井、天井旁有小姐楼
5	蒲江西来	正街贺宅	清末	砖木	200m²	典型陕西狭长天井临街民居，山墙厚重，仍有北方遗风
6	蒲江西来	正街老年协会	民初	砖木	200m²	临街狭长空间组织得很好、简练、实用
7	邛崃平乐	糠市街12号	民国	全木	200m²	前店后宅兼酒作坊
8	邛崃平乐	台子街20号	民国	全木	200m²	前店后宅中天井、天井上空加走廊加盖瓦顶
9	都江堰石羊	陕西南人民居	清末	砖木	1000m²	做川芎生意、临街有风火墙、天井、有过廊、后花园、仓牟
10	大邑唐场	正街后小别墅	民国	砖木	150m²	二层、有地下层、雨棚、花园、近代建筑

编号	县、镇	街名宅主牌	年代	结构	面积（占地）	典型特征
11	大邑悦来	冷黄东姑妈宅	民国	砖木	200m²	近代建筑，仿小教堂，有壁炉，雨棚，前廊
12	邛崃火井	正街海屋	民国	砖木	1500m²	砖墙围合，临溪，临街，二进，前庭二层，内向回廊，高朗通透，一海关官员宅
13	邛崃城关	宁湘宅	清末	全木	100m²	典型川西民居，功能齐全，空间组织巧妙，做工严谨精湛，文化氛围浓厚
14	邛崃平乐	字库街民居	民国	全木	200m²	用地巧妙，二层天井民居，临街临水
15	大邑悦来	冷黄东宅	民国	全木	150m²	空间错综复杂如入迷宫
16	金堂五凤	青年街刘宅	民国	全木	370m²	因地制宜，四合院，堂屋顶起翘，有水井
17	金堂五凤	青年街陈宅	民国	砖木	337m²	坡地民居，前店后宅，二层厢房做观景休闲亭阁，半开敞

说明：以上总计9857m²占地面积，所有列表民居综合代表成都清末至民国年间民居文化的发展和衍变。这些民居不仅外观优美，内部空间丰富，且全部临街，是充实丰富大慈寺保护区民居不可多得的资源。它将有力提高保护区内空间风貌和文化、艺术、建筑价值和品位，使使用、开发、观赏更上新的台阶。

后　记

　　成都市三大历史文化保护区——宽巷子窄巷子历史文化保护区、大慈寺历史文化保护区、文殊院历史文化保护区，合起来不过 20 多公顷，但浓缩了成都几千年的空间和时间。 为了保护性抢救这三块弥足珍贵的宝地，2002 年底成都市规划局、规划院组织了这次活动，并委托笔者率数十名学生展开了田野调研。 整个过程都在冬季进行，笔者恰正花甲之年，数月间在街巷、人家中穿来穿去，严寒中身体渐渐感到力不胜任，终于在 2003 年 5 月住进了医院。

　　在整个调研过程中，我们得到了保护区内绝大多数原居民的支持。 这是一个很不容易的事情，因为你要进入别人最隐私的房间，翻箱倒柜似的折腾，才把有的尺寸测到位。 所以这里要首先感谢原住民的宽容大度。 不少人家还和我们交上了朋友，并唤起了我们采访他们的愿望。 终于，几户人家进入眼帘，采访文章也在《四川日报》陆续发表，产生了很好的影响。 如此才有了《芸芸众生》这一章。

　　还有一群研究生、高年级本科生，他们都是自愿报名来参加这项工作的。 其中杰出者有现在西南建筑设计院工作的佘龙，在西藏大学建筑系当系主任的索朗白姆等等，事实证明，这样的教研活动，受益的是学生。

　　本书只是选了极少部分资料汇编而成，由于多种原因显得粗糙一些，不过都是原生形态，想来读者是会谅解的。

编后小记

　　宽窄巷子作为四川省历史文化名街、成都三大历史文化名城保护街区之一，如今已成著名的旅游景点，每天游人如织，络绎不绝，是热门的网红打卡地，受到本地居民和众多游客的青睐。

　　今天游客所见的宽窄巷子，已是改造后的新貌，而其本来面目，已随着拆迁改造工程的竣工，慢慢从曾亲睹其旧日容颜者的记忆里消退。

　　而本书，某种程度上算是对这段逐渐消逝的记忆的部分留存。

　　季富政先生作为西南交通大学建筑系教授，土生土长的巴蜀儿女，一生致力于对巴蜀乡土建筑的研究和保护，有"四川古镇之父"之称。他数十年如一日，不辞寒暑，足迹遍及巴蜀大地，对这片土地上的场镇、民居做了大量的调查、记录、拍摄和绘制，留下了大量的一手资料和珍贵文献，也出版了许多的专著，可谓硕果累累。

　　本书能够面世，通过照片、测绘图、文字等多种形式保留下宽窄巷子改造前部分民居的原始面貌及居住者的趣闻轶事，背后是季富政先生及其学生付出的数年心血，诚难可贵。如今季富政先生已经仙去，我们谨在此为其一生对巴蜀乡土建筑赤忱的热爱和辛勤的调查研究献上崇高的敬意。

　　《宽窄巷子探源》经过评审，成功入选成都市地方志办组织的首批"成都历史文化精品丛书"，这是对本书的褒奖和肯定。成都"有江山之雄，有文物之盛"，是中国唯一一座城名未改、城址未迁、中心未移的超大城市。希望本书能够为"传承文化基因，赓续成都文脉"贡献绵薄之力。

　　本书为"巴蜀乡土建筑文化"丛书中的一种，因整个项目体量较大，出版时间较紧，编者虽经数番校订，仍难免有错漏之处，敬请方家指正。